30 Minuten
Business Framing

Jürgen Nowoczin

Bibliografische Information der Deutschen Nationalbibliothek. Die Deutsche Nationalbibliothek verzeichnet diese Publikation in der Deutschen Nationalbibliografie; detaillierte bibliografische Daten sind im Internet über http://dnb.d-nb.de abrufbar.

ISBN 978-3-96739-174-9

Umschlaggestaltung: die imprimatur, Hainburg
Umschlagkonzept: Buddelschiff, Stuttgart | www.buddelschiff.de
Lektorat: Silke Martin, Kriftel
Autorenfoto: Patrick Kirschhofer
Satz und Layout: Zerosoft, Timisoara (Rumänien)
Druck und Bindung: Salzland Druck, Staßfurt

Ein Hinweis zu gendergerechter Sprache: Die Entscheidung, in welcher Form alle Geschlechter angesprochen werden, obliegt den jeweiligen Verfassenden.

Wir drucken in Deutschland.

www.gabal-verlag.de
www.gabal-magazin.de
www.twitter.com/gabalbuecher
www.facebook.com/gabalbuecher
www.instagram.com/gabalbuecher

PEFC
PEFC/04-31-2251

PEFC zertifiziert
Dieses Produkt stammt aus nachhaltig bewirtschafteten Wäldern und kontrollierten Quellen.

www.pefc.de

ÖKOLOGISCHE VERANTWORTUNG

Wir übernehmen Verantwortung! Ökologisch und sozial!

- Verzicht auf Plastik: kein Einschweißen der Bücher in Folie
- Nachhaltige Produktion: Verwendung von Papier aus nachhaltig bewirtschafteten Wäldern, PEFC-zertifiziert
- Stärkung des Wirtschaftsstandorts Deutschland: Herstellung und Druck in Deutschland

Wissen auf den Punkt gebracht

Dieses Buch ist so konzipiert, dass Sie in kurzer Zeit prägnante und fundierte Informationen aufnehmen können. Mithilfe eines Leitsystems werden Sie durch das Buch geführt. Es erlaubt Ihnen, innerhalb Ihres persönlichen Zeitkontingents (von 10 bis 30 Minuten) das Wesentliche zu erfassen.

Kurze Lesezeit

In 30 Minuten können Sie das ganze Buch lesen. Wenn Sie weniger Zeit haben, lesen Sie gezielt nur die Stellen, die für Sie wichtige Informationen beinhalten.

- Schlüsselfragen mit Seitenverweisen zu Beginn eines jeden Kapitels erlauben eine schnelle Orientierung: Sie blättern direkt zu dem Thema, das Sie besonders interessiert.
- **Zahlreiche Zusammenfassungen innerhalb der Kapitel erlauben das schnelle Querlesen.**
- Ein Fast Reader am Ende des Buches fasst alle wichtigen Aspekte zusammen.
- Ein Register erleichtert das Nachschlagen.

Inhalt

Vorwort

Schon mal von Framing gehört? Oder sind Sie schon mal „aus dem Rahmen gefallen“? Letzteres setzt voraus, dass Sie überhaupt in einem drin waren. Aber können wir uns dem Einrahmen – also dem Framing – durch andere Menschen überhaupt entziehen? Wird nicht schon mit der kindlichen Erziehung ein Prozess eingeleitet, in dem permanent diverse Personen oder Umstände an uns „ziehen“, um uns in eine – meist von anderen vorgegebene – Richtung zu bringen? Als Ergebnis wird ein erwünschtes Verhalten erwartet.

Diese Form von latenter Entmündigung ist nun nicht von Grund auf böse, sondern begegnet uns täglich in verschiedensten Situationen, in der Beziehung zu Menschen, in der Einordnung in eine Gruppe, durch die Werbung und durch die Kommunikation schlechthin. Insbesondere auf den vielfältigen Kanälen der sozialen Medien.

Und zudem sprechen wir bei Projekten und Situationen von den „Rahmen“bedingungen, unter denen etwas stattfindet. Die Psychologie untersucht bestimmte „Settings“, der Vertrieb von Produkten oder Dienstleistungen plant seine „Claims“.

Neue Herausforderungen werden dieses komplizierte Geflecht von Einflussnahme noch komplexer gestalten. Während die Digitalisierung schon fast Routine geworden ist, steht die Einbindung von Algorithmen und Künstlicher Intelligenz in den Alltag noch am Anfang. Das Metaverse und die damit einhergehende „Augmented Reality“ bringen uns neue, ungeahnte Potenziale in der Steuerung von Prozessen, aber auch in der Einflussnahme auf Menschen. Die ständige Weiterentwicklung und Optimierung der Unternehmens- und Arbeitsprozesse fordern ein hohes Maß an Anpassungsfähigkeit. Nach Darwin besteht gerade darin die größtmögliche Chance, zu überleben. Aber wie weit darf Anpassung gehen? Bis zur Konformität und Selbstaufgabe? Verpassen wir dann nicht die große Chance, durch Kreativität und Individualität Akzente zu setzen?

Ich möchte Ihnen so kompakt wie möglich die wichtigsten Begriffe dieser neuen Zeit erläutern, wie Sie auf der einen Seite Prozesse der Einflussnahme erkennen und andererseits die richtige Strategie für Ihre persönlichen und beruflichen Ziele finden und anwenden können. Dabei zeige ich Ihnen neben einigen praktischen Tools auch die Zweischneidigkeit von Framing und seinen verwandten Formen der zielgerichteten Kommunikation und Interaktion auf. Der Bereich des „Political Framing" bleibt bewusst ausgeklammert. Dazu haben sich andere Autoren bereits kompetent geäußert. Meine langjährige Erfahrung bezieht sich auf das Leben und Arbeiten in Unternehmen – das „Business Framing".

„Wer immer nur das tut, was er schon immer getan hat, wird auch immer nur das erreichen, was er schon immer erreicht hat."

George Bernhard Shaw

Ich wünsche Ihnen gute Erkenntnisse – für sich selbst und für Ihr berufliches Engagement.

Jürgen Nowoczin

1. Kommunikative Herausforderungen

Kommunikation spielt in unserem mediengeprägten Zeitalter eine entscheidende Rolle. Überall auf der Welt interagieren in jedem Moment Millionen von Menschen, um Informationen, Meinungen und Emotionen auszutauschen. Diese Prozesse haben sich in den vergangenen Jahrzehnten rasant entwickelt und ein Ende der kommunikativen Möglichkeiten ist noch gar nicht abzusehen.

1.1 Entstehungsgeschichte

Die Verständigung von Individuen untereinander ist eine wesentliche Voraussetzung für eine erfolgreiche und zielführende Interaktion. Kommunikation ist allerdings im Laufe der Jahrhunderte immer komplexer geworden. Aus den Urlauten entwickelte sich in grauer Vorzeit eine erste Form von gruppen- und sozialspezifischer Sprache. Diese wurde dann ergänzt mit Formen des grafischen und schriftlichen Ausdrucks (Höhlenmalerei, Schriftrollen).

Lange Zeit und in Abhängigkeit von den zur Verfügung stehenden Kommunikationsmitteln blieb Kommunikation auf direkte Begegnung (mündlich) oder auf Distanz (schriftlich) begrenzt. Auch zeichnete sie sich durch direkten Bezug zu den agierenden Personen aus und war nicht reproduzierbar. Als eine der ersten Keimzellen für eine Fixierung und Bereitstellung von Wissen und Nachrichten für eine breitere Schicht von Personen und die folgenden Generationen fungierten die Klöster. Diese Entwicklung wurde durch die Erfindung des Buchdrucks enorm beschleunigt. Nun konnten Schriften massenhaft vervielfältigt werden. Kommunikation wurde universell.

Neue technische Möglichkeiten
Telegrafie und Telefon stellen weitere Meilensteine dar, sodass nunmehr Kommunikation nahe der Echtzeit (Telegrafie) sowie in Echtzeit (Telefonie) möglich wurde. Hinzu kamen der Fernschreiber als Vorläufer des Fax sowie der Funk als spezielle Ergänzung der Telefonie. Das 20. Jahrhundert wurde zum Medienjahrhundert: Radio und Fernsehen erreichten zeitgleich immer mehr Menschen. Damit eröffneten sich neue, ungeahnte Informations- und Einflussmöglichkeiten. Aus der Individualkommunikation wurde spätestens jetzt eine Massenkommunikation mit neuen Rahmenbedingungen und Gesetzmäßigkeiten.

Von den Urlauten bis zum World Wide Web haben wir eine bemerkenswerte Evolution erlebt, die sich in den vergangenen Jahren zudem stark beschleunigt hat.

1.2 Entwicklung von Kommunikation

Mit der Entwicklung der Computer-Technologie kam der nächste Quantensprung. Bisherige Speichermedien wie

Lochkarten wurden abgelöst von Disketten, Festplatten, USB-Sticks bis hin zur Cloud. Anfängliche Speicherkapazitäten von 20 MB haben sich fast bis ins Unendliche gesteigert, sodass wir mittlerweile schon im privaten Umfeld mit Giga- und Tera-Bytes operieren. Gleiches gilt sowohl für die Verarbeitungs- und Übermittlungsgeschwindigkeit wie auch für die Größe der Speichermedien. Füllte in den 1980er-Jahren ein Rechner noch ganze Räume, passt heute ein USB-Stick oder eine Speicherkarte in die Hosentasche.

Die nächste Stufe: das Internet

Die nächste Revolution entstand durch das World Wide Web. Nachrichten konnten nun direkt vom Rechner aus verschickt werden. Das Post-Aufkommen innerbetrieblich wie auch in der gesamten Gesellschaft geht seitdem kontinuierlich zurück. Der „gute alte Brief“ hat heute eher Vintage-Charakter oder wird nur noch dort eingesetzt, wo Datenschutzregeln den elektronischen Versand von bestimmten Informationen einschränken. Smartphones, Apps und die verschiedenen Messengerdienste haben die Kommunikation noch einmal auf ein neues Level gehoben.

Jeder kann mit jedem jederzeit fast uneingeschränkt kommunizieren. Jeder kann somit jeden jederzeit informieren und/oder beeinflussen. Genau da setzt die Schar von Influencern (im Kontext dieses Buches: „Framer“) an und pusht die Selbstdarstellung und/oder bestimmte Produkte für die definierte Zielgruppe. Der Name verrät die Absicht: Beeinflussung! Was, wenn man die Umsatzzahlen der Cracks der Branche heranzieht, auch hervorragend funktioniert.

Für eine Reihe von Anwendern spielt sich das Leben im Smartphone ab, verbunden mit einem gewissen Suchtpotenzial, immer erreichbar zu sein und/oder vermeintliche persönliche Anerkennung und Wertschätzung aus der Anzahl von Likes oder Followern zu ziehen.

Role Models als omnipotente Framer

Die neuen Medien sind auch der Fundus für Vorbilder und Idole. Sie sind aktiv am Framing der Nutzer und der Gesellschaft beteiligt. Zielgruppe sind nicht nur die „Smartphone-Junkies" der jüngsten Generationen, sondern alle Teile der Gesellschaft. Beobachten Sie mal sich oder andere, wie oft am Tag zum Smartphone gegriffen wird, mit der wohlkalkuliert geschürten Sorge, man könne eine Nachricht, eine Botschaft verpassen. Panik bricht aus, wenn unplanmäßig der Akku leer oder die Verbindung durch den Äther unterbrochen ist und der Hilferuf nach Steckdose oder Netz erschallt. Darüber hinaus stehen auf diversen Kanälen und Plattformen Medien „on demand" zur Verfügung: Videoclips, Musikspots, Podcasts.

Kommunikation wandelt sich

In diesem Kontext hat sich auch das Verständnis von Kommunikation im Lauf der Jahrzehnte verändert. Die Kybernetiker der 1970er-Jahre gingen noch von einem Sender-Empfänger-Modell aus, das Nachrichten eins zu eins übermittelte. Die folgenden Ansätze waren dann schon differenzierter. Der Kommunikationspsychologe Friedemann Schulz von Thun stellte mit seinem Modell von den „4 Seiten einer

Nachricht“ heraus, dass die Kommunikation nur zu etwa einem Viertel sachorientiert ist, der Rest mit Selbstdarstellung, Beziehungsdefinition und Aufforderung – also mit Emotionen – zu tun hat. Auf welchem Ohr letztlich die Nachricht gehört wird, liegt in der Verantwortung des Empfängers.

Wahrnehmung und Wirklichkeit

Aus meiner Sicht noch zielführender für das heutige Verständnis von Kommunikation ist der Ansatz des Konstruktivismus. Der Konstruktivismus gemäß Watzlawick, Beavin und Jackson behauptet neben dem Axiom, „man könne nicht *nicht* kommunizieren“, dass das Verständnis von Information auf die Konstruktion von Wirklichkeit beim Empfänger zurückgeht. Aus diesem Konstrukt entstehen dann ein Selbstbild, ein Bild von anderen sowie das Weltbild des Kommunikanten. Missverständnisse erklären sich daher einerseits durch unterschiedliche Wirklichkeiten bei den Gesprächspartnern und andererseits durch ein Filtern der ankommenden Information auf deren Bedeutung für den Empfänger im Hinblick auf eine Kongruenz der **W**erte, **E**rwartungen, **I**nteressen und **B**edürfnisse. Hinzu kommt eine notwendig große Schnittmenge beim Zeichenvorrat (also der Sprache) der Beteiligten. Kommunikation ist erfolgreicher, wenn der Sender das **W-E-I-B** des Empfängers kennt und weiß, wie dessen Wirklichkeit bezogen auf die kommunizierten Inhalte aussieht. Gesagt ist noch nicht gehört, gehört ist noch nicht verstanden, verstanden ist noch nicht akzeptiert, akzeptiert ist noch nicht gehandelt.

Wahrheit und Meinung

Kommunikation hat also offenbar viel mit der Wahrnehmung zu tun. Da unsere Aufmerksamkeit selektiv ist, gilt dies in der Folge auch für die Wahrnehmung. Sie braucht zuvor einen Auslöser (Trigger), dieser führt zu einem Reiz (Empfindung) und final zu Gedanken, Emotionen, Reaktionen und Verhalten. Sie ist zudem abhängig von Kontext, Vorwissen und Erfahrungen.

Der antike Philosoph und Gelehrte Sokrates kannte das Problem mit der Wahrnehmung auch schon, seine Ansicht wird heute als Sokratische Differenz bezeichnet:

1. Wahrnehmung → Wirklichkeit → Selbstbild/Weltbild
   Informationen und Emotionen konstruieren meine Wirklichkeit, das, was in mir wirkt. Daraus entstehen mein Selbstbild und das Bild, das ich mir von anderen und der Welt um mich herum mache. Dieses „Konstrukt" beeinflusst mein Denken und Handeln und formt meine Meinung. ⇨ Das ist die **subjektive Ebene**.
2. Wirklichkeit → Wahrheit → Meinung
   Wir halten aufgrund unserer Wirklichkeit etwas so lange für wahr, bis es von anderer Seite widerlegt werden kann und sich eine neue Wirklichkeit bildet.
   ☞ *Lange Zeit gingen die Menschen davon aus, dass die Erde eine Scheibe ist. Das war ihre Wirklichkeit. Sie hielten diese für wahr. Bis man beweisen konnte, dass die Erde eine Kugel ist und nicht der Mittelpunkt des Sonnensystems.* ⇨ Das ist die **subjektiv variable Ebene.**
3. Analyse → Fakten → Realität

Es kann aber durchaus etwas **außerhalb** von unserer Wahrnehmung, unserer Wirklichkeit, unserer Wahrheit und unserer Meinung existieren.

☞ *Im südamerikanischen Urwald haben Forscher eine neue Papageienart entdeckt. Ich kenne diesen Papagei nicht. Und dennoch existiert er. Ich könnte hinfahren und ihn mir ansehen. Der Papagei ist real. Auch wenn er in meiner Wirklichkeit nicht vorkommt.* ⇨ Das ist die **objektive Ebene.**

Fazit: Die größten Missverständnisse in der Kommunikation entstehen – nach Sokrates –, wenn Menschen ihre Wirklichkeit für die Wahrheit halten und davon die Meinung ableiten, dass es darüber hinaus keine Realität gibt.

Damit ist aber nicht das Ende der Fahnenstange erreicht. Inzwischen kommunizieren wir auch mit Künstlicher Intelligenz. Robots und Ibots sind im modernen Business, insbesondere bei Dienstleistern, immer beliebter, sparen sie doch eine Menge an Personal ein. Videokonferenzen ersparen Reisen und Aufwand. Holografische Projektionssysteme wie z. B. von Cisco Systems führen Menschen in virtuellen und physischen Räumen zusammen, obwohl sie sich an verschiedenen Orten auf der Erde aufhalten. Diese Universalität wird sich immer noch weiter entwickeln – vom Universum zum Metaversum.

Kommunikation erfolgt nicht 1 zu 1, sondern unterliegt vielen Einflüssen: Wissen, Erfahrungen und Emotionen prägen unsre Wirklichkeit und die Art und Weise, wie wir Worte wahrnehmen und interpretieren. Auf dieser subjektiven Basis bilden wir uns unsere Meinung und unsere Handlungsstrategien.

1.3 Metaversum

Unter dem Begriff Metaversum oder Metaverse versteht man einen virtuellen Raum, der den Nutzern anhand von Virtual-Reality-Technologien die Möglichkeit bietet, als Avatare miteinander interagieren zu können. Im vernetzten Raum wird durch das Metaversum eine Verschmelzung von physischer Realität und virtueller Fiktion geschaffen, die die vorhandenen Grenzen traditioneller Websites oder interaktiver Systeme überwindet und neue Möglichkeiten für Unterhaltung, Kommunikation und Kommerz eröffnet. Experten sehen hier zeitgleich die Weiterentwicklung vom Desktop über Smartphone-Apps hin zu einer multivisionalen Informationsvermittlung.

Der Begriff Metaverse geht zurück auf Neal Stephenson (1992). Die Entwicklung und Verknüpfung der verschiedenen Erlebnisebenen und die Kommerzialisierung der Anwendungen wird nach Mark Zuckerberg (Metaverse Keynote Speech vom 23.02.2022) nur noch fünf bis zehn Jahre dauern. Wir werden damit auch ein uns seit Langem bekanntes Raster verlassen und einen neuen Rahmen für uns und unser Business finden.

Herausforderungen für alle

Alle genannten Formen der Kommunikation und (virtuellen) Interaktion werden uns herausfordern. Dies gilt für die Anpassungsfähigkeit unseres Gehirns, für die Dimensionen unseres Denkens und Handelns, aber insbesondere auch für die Möglichkeiten der Einflussnahme auf Menschen und

Prozesse, sei es im privaten oder unternehmerischen Umfeld, sei es zum Nutzen oder Schaden eines Individuums oder einer Organisation.

Kommunikation hat sich im Laufe der Jahrtausende immer verändert und weiterentwickelt. Jede Epoche brachte neue Herausforderungen mit sich.

- Der moderne Mensch muss sich zunehmend schneller auf geänderte Kommunikationskanäle einstellen.
- Und er wird dabei von vielen Seiten beeinflusst – nicht zuletzt durch Influencer bzw. Framer, die als Role Models Meinungen als Wahrheiten postulieren.
- Kommunikation unterliegt diversen Einflüssen, wie Erfahrungen und Emotionen, aber auch Erwartungen und Interessen. Auf dieser subjektiven Basis bilden wir uns unsere Meinung und unsere Handlungsstrategien.
- Die Möglichkeiten des Internets waren und sind revolutionär. E-Mails weltweit zu versenden ist Routine geworden.
- Das Potenzial des Metaversums ist ungleich gewaltiger und noch gar nicht abzusehen.

2. Freiheit und Selbstbestimmung

Derzeit wird immer wieder und fast in allen Talkshows über die persönliche Freiheit diskutiert. Der „Kategorische Imperativ" nach Immanuel Kant lehrt, dass die persönliche Freiheit dort aufhört, wo die des anderen beginnt. Die vielfach postulierte Selbstbestimmung des Menschen ist also eine Illusion. Von Geburt an werden wir in ein System von Einflussfaktoren gestellt, das uns mit **Normen**, **Regeln** und tradierten Verhaltensweisen das Leben in einer bestimmten Kultur, Gruppe, Organisation oder Gesellschaft ermöglichen soll. Und zwar so, dass bestenfalls wenig Reibungspunkte zwischen Individuum und Kollektiv entstehen. Entwicklungspsychologisch kommen die Übernahme und der Erwerb von **Rollen** hinzu. Ergänzt wird diese Sozialisation, d. h. die Assimilierung und Einbindung in eine Gesellschaft, durch latent unterbewusst ablaufende Prozesse – vor, bei und nach dem Denken, wie z. B. das Ausbilden und Nutzen von **Stereotypen** und **Vorurteilen**. Diese hängen, wie die Vorgänge bei dem wesentlichsten Steuerungselement – der Kommunikation –, von der **Wahrnehmung** des Individuums ab. Diese führt dem schon erwähnten Konstruktivismus nach Watzlawick, Beavin und Jackson folgend zur Konstruktion der Wirklichkeit und somit zur Entstehung von persönlicher Wahrheit und Meinung. Schauen wir uns die Elemente nun etwas genauer an.

2.1 Werte, Normen, Regeln

Um zu funktionieren, braucht jede Gruppe oder Gesellschaft allgemein geteilte Zielvorstellungen sowie Überzeugungen, Haltungen und Einstellungen, die durch den kulturellen Kontext oder auch traditionell geprägt sind. Dazu gehören außerdem persönliche sowie konkrete Bedürfnisse. Häufig formulieren Unternehmen ihre Wertvorstellungen und verpflichten die Mitarbeitenden auf deren Einhaltung (z. B. in den Compliance-Richtlinien oder der Unternehmens-Kultur).

Normen

Normen bilden die Plattform für konkrete Verhaltensanforderungen, dienen der Mess- und Vergleichbarkeit des Handelns und vereinfachen das Zusammenleben von Individuen, indem sie Orientierung für eine erfolgreiche und akzeptierte Zugehörigkeit zu einer Gruppe von Menschen geben. Konformes Verhalten ist somit rechtfertigungsfrei. Nicht konformes Agieren führt hingegen zu Erklärungs- und Rechtfertigungsdruck bzw. zu Sanktionen.

Regeln

Um ein Zusammenleben und Zusammenwirken mehrerer Individuen möglichst konfliktfrei zu gestalten, haben sich Regeln bewährt. Sie werden von den Beteiligten in einem Findungsprozess abgestimmt und gelten dann als vereinbart und akzeptiert. Oder eine höhere Instanz legt diese qua Macht oder Auftrag für alle verbindlich fest. Dies betrifft viele Bereiche des täglichen Lebens, wie zum Beispiel:

- Verkehrsregeln: Es gilt rechts vor links, bei Grün darf ich fahren, bei Rot muss ich anhalten – zu meinem Schutz und dem Schutz anderer
- Spielregeln: Vom „Mensch-ärgere-dich-nicht“ bis zu den 22 Kickern auf dem Fußballplatz – ohne Regeln entsteht Chaos
- Arbeitsordnung: Festlegen von Beginn und Ende der Arbeit, Vorsichtsmaßnahmen, Sicherheitsvorschriften
- Familienregeln: Aufräumen, Einkaufen etc.
- Vereinssatzungen
- Gesetze, die, bei Androhung von Strafe, als Leitplanken für das richtige Verhalten fungieren

Ziel ist somit auch die Gewährleistung von Ordnung, wohingegen der Verstoß als „Ordnungswidrigkeit“ geahndet wird. Dafür gibt es entsprechende Kataloge und Regelwerke.

Beispiel: Spielregeln für Meetings in Unternehmen

1. Ausreden lassen
2. Sachkritik, keine Personenkritik
3. Beschreiben statt bewerten
4. Ich-Botschaften verwenden
5. Fehler sind eine Chance zur Verbesserung
6. Störfallbehandlung vor Sachbehandlung
7. Ärger ansprechen, nicht runterschlucken
8. Ablehnung und Bewertung mit Begründung
9. Problemlösung statt Rechthaben
10. Smartphones aus- bzw. stummschalten
11. Ergebnisse (schriftlich) festhalten

Ziel der Regeln ist der Schutz des Einzelnen vor Schaden und ihre Funktion als Orientierungshilfe für erwünschte Verhaltensweisen. Daher enthalten fast alle Regelwerke Formen und Instrumente der positiven Verstärkung bzw. der Sanktion bei Abweichung und Fehlverhalten.

Normen und Regeln strukturieren unseren Alltag. Allgemein akzeptierte Spielregeln sorgen für möglichst konfliktfreie Interaktion und spiegeln die Werte der Gesellschaft wider.

2.2 Erwartungen, Bedürfnisse, Rollen

Unser Verhalten und unsere Kommunikation werden auch bestimmt durch die Erwartungen, die wir an Situationen oder Personen haben, deren Bedürfnisse und die Rollen, die sie besetzen. Nur das, was mich interessiert, nehme ich bewusst wahr und setze mich damit auseinander. Am besten gehen andere aber auch noch auf meine Bedürfnisse ein und steigern dadurch mein Selbstwertgefühl. Die daraus resultierende (Selbst-)Zufriedenheit steht dann an der Spitze der Bedürfnispyramide, die, mit dem Namen des US-amerikanischen Psychologen Maslow untrennbar verbunden, in den vergangenen Jahren teils revidiert, teils modifiziert wurde. Maslow „reloaded" würde neben dem nach wie vor gültigen Bedürfnis nach physischer, ökonomischer und ökologischer Sicherheit auf den folgenden Stufen die Bewertung durch andere (interne und externe Meinung), die Likes, Klicks und Promotion-Statements einbeziehen sowie als Vorstufe der Selbstverwirklichung die Achievement-Phase sehen, also das, was der Einzelne erreicht hat, was er darstellt, was er/sie ist oder zu sein vorgibt.

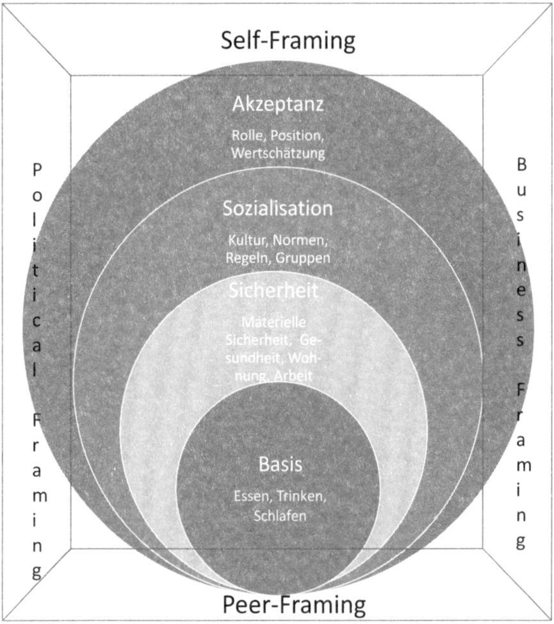

Abb. 1: „Maslow-reloaded-and-framed-Modell“ in Anlehnung an die Maslow'sche Bedürfnispyramide

Rollen

In vielen Situationen denken, reden und handeln wir aus einem individuellen Rollenverständnis heraus. Die Rolle hat die Aufgabe, das Verhalten erkennbarer und kalkulierbarer zu machen. Rolf Oerter (1978) geht in seiner Beschreibung der Rollen von der Unvollkommenheit des Menschen aus, der nicht immer für jede Erfahrung das richtige Verhalten zur Verfügung hat und nicht auf alle Herausforderungen in der gleichen Weise erfolgreich antworten kann. Daher ist nach seiner Auffassung ein Lernprozess erforderlich, der neben den verschiedenen lerntheoretischen Ansätzen in der Übernahme und Entwicklung von verschiedenen Rollen erfolgt. Er ist daher im Kern reziprok, also auf Wechselwirkung angelegt. Die Elemente sind:

- **Role-Taking**, d. h. Rollenübernahme (lernen, erkunden, ausprobieren, adaptieren): Geschlechterrolle, Altersrolle, Schichtzugehörigkeit, familiale Rollen (Stellung in der Familie und Geschwisterabfolge), schulische und berufliche Rolle
- **Role-Making**, d. h. Rollenerwerb (Identität und Selbstverwirklichung): die Person, die man wirklich ist (vgl. Konstruktivismus nach Watzlawick)
  - die Person, für die man sich hält
  - die Person, für die andere einen halten oder wofür man glaubt, dass die anderen einen halten
  - die Person, die man werden möchte oder zu werden glaubt
  - die Person, die man für das zukünftige Wunsch- oder Vorstellungsbild hält, das sich andere von einem machen

In jüngerer Zeit wurde auf dieser Basis das sogenannte „3-Welten-Modell“ (Schmid, 1990) entwickelt.

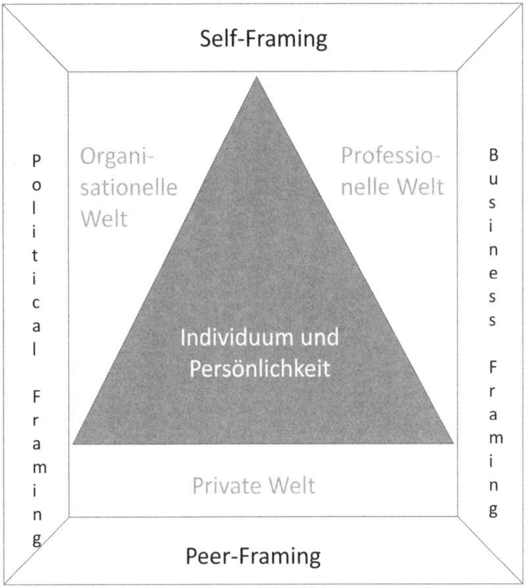

Abb. 2: Erweitertes 3-Welten-Modell nach B. Schmid

Das Individuum bzw. seine Persönlichkeit wird demnach geformt und beeinflusst durch:

a. Die **organisationelle Welt:** Dazu gehören die Rolle, die Position, die Funktion und Aufgabe in der Organisation, z. B. als Mitarbeiter:in/Führungskraft. Es geht um Gestaltungsräume und Verantwortlichkeiten in der Rolle und die damit verbundenen Anforderungen und Erwartungen. Es geht um Regeln und Formen der Organisationskultur (formeller und informeller Art) sowie die Konstellation von Beziehungen und Abhängigkeiten. Das Modell bezieht sich nicht nur auf Unternehmen.

b. Die **professionelle Welt**: Hierzu gehören die verschiedenen Kompetenzen, die Fähigkeiten und Fertigkeiten, die (latenten) Potenziale und Entwicklungsmöglichkeiten, Ziele und Ambitionen (Karriere), die persönliche Vorstellung von Professionalität und deren Auswirkung auf die Lebensgestaltung (Work-Life-Balance).

c. Die **private Welt:** Darunter fallen Partnerschaft, Familie und Freunde, gesellschaftliche und soziale Netzwerke, das persönliche Umfeld, Freizeitaktivitäten und Hobbys.

Um bei unserem Thema zu bleiben, haben wir es bei diesen Ansätzen mit externem Framing (vorgegebene Rollen) bzw. internem Framing oder Self-Framing (selbst gesetzte Rollen) zu tun. Ich gehe noch einen Schritt weiter. Wir agieren in weit mehr als den sechs Rollen Oerters oder den drei Welten Schmids. Das sieht auch R. D. Precht (2013, „Wer bin ich – und wenn ja, wie viele?") so. Dieser stellt die Frage: Wann sind wir wer? Oder wann sind wir nur wir selbst? Wann sind wir so richtig authentisch? Geht das überhaupt? Oder haben wir unsere „Natürlichkeit" und „Echtheit" im Laufe der verschiedenen Anpassungsprozesse eingebüßt (siehe Kap. 2.3)?

Wir übernehmen und entwickeln im Laufe des Lebens verschiedene Rollen, die z. B. durch das Elternhaus oder den Beruf geprägt und zudem von ihrem Kontext, etwa der jeweiligen Lebensphase, beeinflusst werden.

2.3 Erziehung, Anpassung, Authentizität

Von Geburt an lernt der Mensch. Er soll durch den Erwerb von Wissen, von Fähigkeiten und Fertigkeiten, von Werten, Einstellungen und Verhaltensregeln ein gutes und akzeptiertes Mitglied der Gesellschaft und seiner sozialen Gruppe werden. Dieser Prozess – auch Sozialisation genannt – wird von vier Phasen geprägt:

1. Elternhaus (primäre Sozialisation)
2. Gleichaltrige, in Schule und Ausbildung (sekundäre Sozialisation)
3. Berufswelt (tertiäre Sozialisation)
4. Alter, z. B. als Rentner:in (quartiäre Sozialisation)

Lernen ist die universellste Form des Framings

Unter Lernen versteht man das Bereitstellen von Kenntnissen und Erfahrungen für zukünftiges Handeln oder auch die Fähigkeit, Kompetenzen, Inhalte und Erlebnisse intern zu speichern, um diese situativ angemessen abzurufen und einzusetzen. Lernen ist ein Prozess der Verhaltensbildung und -änderung und somit die Grundlage für jegliche Modifizierung von Denken (Kognition), Fühlen (Emotion) und Verhalten (Aktion). Lernen ist zu Beginn eher spontan und von Neugier bzw. Ausprobieren geprägt, also inzidentiell (durch Ereignisse und Erfahrungen) und implizit (beiläufig). Dies wird als informelles Lernen bezeichnet.

Später ist es geplant, gesteuert und institutionalisiert (Kindergarten, Schule, Ausbildung/Hochschule usw.). Hier geht es um formales Lernen. Verschiedene Lerntheorien versuchen die Mechanismen des Lernens zu erklären. Vom Beobachten und Nachmachen (Bandura) über Versuch und Irrtum (Thorndike), das Konditionieren (operant/Skinner bzw. klassisch/Pawlow) bis zum Konstruktivismus.

3 Ebenen der Erziehung

Bei der Erziehung steht – wie der Name schon verrät – nicht nur die Selbstentdeckung, Selbstentwicklung, Selbstfindung und Selbstverwirklichung im Mittelpunkt, sondern es wird am „Subjekt" gezogen, in eine bestimmte, zuvor definierte Richtung. Und das auf drei Ebenen: als Teilhabe an der Kultur, als Integration in die Gesellschaft und als Förderung des Prozesses der Persönlichkeitsausbildung und -entwicklung.

Erziehung ist konstituiertes Framing

Dabei ist es unerheblich, wie viel Prozent am Ende der seit Jahrzehnten geführten Diskussion der Anlage, die der Mensch genetisch mitbringt, und wie viel der Umwelt, also dem Erziehungsprozess, zugeschrieben wird. Die einen sehen Erziehung eher als Beiwerk, weil die Anlagen eine Weiterentwicklung begrenzen. Andere überhöhen die Bedeutung der Erziehung als universelles Mittel der Prägung jenseits aller Vorgaben. Realistischerweise spielt beides eine Rolle. Erziehung beeinflusst und prägt, hat aber auch Grenzen. Entscheidend bleibt letztlich, dass mit allen Formen und Facetten auf das Individuum Einfluss genommen wird. Dabei betonten alle Pädagogen der Antike wie der Neuzeit, dass diese Bemühungen dem Besten des „Zöglings" dienen sollen sowie durch eine erfolgreiche Assimilierung die Sicherung der Gesellschaft, deren produktiver Teil der (junge) Mensch im Laufe seines Lebens werden soll, gewährleistet ist. Selbstverständlich geschieht das unter größtmöglicher Wahrung der Entwicklungsmöglichkeiten und dem Respekt vor dem Herausbilden einer eigenständigen, einzigartigen Persönlichkeit. Wir werden noch sehen, wie viel davon im Rahmen (Framing!) von Erziehung noch übrig bleibt.

Erziehung erfolgt ein Leben lang

Erziehung ist übrigens nicht nur auf das Kindesalter beschränkt. In anderer Begrifflichkeit zieht sie sich durch das ganze Leben. In Unternehmen gibt es ebenso das mitgebrachte Talent des Mitarbeitenden wie auch die Werte, Interessen, Erwartungen, Normen, Rollen und Ziele der Organisation. Das bedeutet, es findet auch eine Prägung durch die Organisation und andere Mitarbeitende (Kolleg:innen, Vorgesetzte) statt. Die Aufgabe besteht darin, zwischen diesen Bereichen eine möglichst große, nachhaltige Kongruenz zu schaffen. Hinzu kommt die Herausforderung, den richtigen Mitarbeitenden am richtigen Arbeitsplatz mit der angemessenen Aufgabe einzusetzen. Häufig werden hier nach dem „Peter-Prinzip" (man wird so lange „hinaufbefördert, bis man eine Position einnimmt, die die eigenen Kompetenzen komplett übersteigt) erhebliche Fehlbesetzungen in Kauf genommen.

Anpassung

Ganz aktuell wird in diesem Zusammenhang darüber gesprochen, dass ganz im Sinne Darwins nicht der Intelligenteste oder Stärkste überlebt, sondern der Anpassungsfähigste.

Adaptabilität soll also das adäquate Mittel der Unternehmen für die Herausforderungen der Gegenwart und Zukunft sein.*
Also die Fähigkeit, aufgrund sorgfältiger Beobachtung der markt- und gesellschaftsrelevanten Trends und Entwicklungen antizipierend zu handeln und somit im wahrsten Sinne des Wortes „up to date“ zu sein. Diese Updates werden immer häufiger auftreten und reaktionsträge Unternehmen abhängen.

Adaptabilität ist die Tür zum Framing von morgen

Adaption (lateinisch adaptare = anpassen) meint das Anpassen eines Prozesses oder bestimmter Gegebenheiten, Rahmenbedingungen oder auch Personen an eine veränderte Umwelt. Es ist also eine Reaktion auf Reize oder Störungen. Oder allgemein gesprochen: auf neue, ungewohnte Herausforderungen. Ein typisches Beispiel aus der Physiologie ist die Anpassung des Auges an (plötzliche) Dunkelheit. Personen werden so bezogen auf eine neue Umgebung und Lebenssituation assimiliert, d. h., sie nehmen die Gegebenheiten auf, die sie benötigen, um in der neuen Gruppe und Umgebung akzeptiert zu sein und zurechtzukommen. Unternehmen müssen aktuell, und noch viel mehr in der Zukunft, schnell – am besten schon antizipierend – auf Herausforderungen des Marktes, der gesellschaftlichen Entwicklung und der Veränderung von Skills (die Notwendigkeit des Upskillings) reagieren. Denn auch die Anforderungen an Mitarbeitende ändern sich permanent und finden in deren Profilen bzgl. Fähigkeiten und Fertigkeiten ihren Ausdruck.

---

* vgl. Sammelband Impulse für Adaptabilität (2022), Offenbach – Jünger Medien Verlag

Authentizität

„Sie müssen authentisch auftreten!“, sagt der Spindoktor dem Kandidaten für ein politisches Amt. Das Gleiche wird dem Teilnehmer eines Nachwuchsprogramms im Assessment als Feedback gegeben. Stefan Wachtel (2012) behauptet, dass mancher Bewerber für ein Amt oder eine Position genau daran gescheitert ist. Nämlich dem Versuch, authentisch zu sein. Zunächst meint dieser Begriff die definierte Schnittmenge zwischen Schein und Sein, also der Wahrnehmung einer Person durch deren Umwelt auf der einen und die Identität oder Persönlichkeit des Individuums auf der anderen Seite. Häufig wird synonym von Glaubwürdigkeit oder Integrität gesprochen. Auch die Aussage, dass jemand „sich treu“ bleibt, geht in diese Richtung.

Welche Maske trage ich?

Man müsste sich also die Frage stellen: Bin ich noch echt oder versteckt sich mein wahres Ich hinter einer Maske? „Der hochglanzpolierten Business-Maske für tagsüber, der fake-empathischen Familienmaske für die Abendstunden“ [oder] „der Hipstermaske für unterwegs“ (Cordes, 2018). Masken können mein wahres Ich schützen. Die „echten“ Befindlichkeiten und Emotionen sind eben nicht für alle bestimmt. Meine These besteht darin, dass Authentizität rollenbezogen ist. Man agiert gemäß der jeweiligen Rolle: als Verkäufer, als Führungskraft, als Politikerin, als Mutter/Vater, als Freundin usw. Authentizität ist somit geframte Wirklichkeit. Sie bleibt damit subjektiv-individuell und sollte nicht absolut betrachtet und bewertet werden. Die

Frage nach Echtheit und Glaubwürdigkeit ist also eher an die Ausprägung und Wirkung von Charakter und der Persönlichkeit zu stellen.

Stereotype und Vorurteile

Darüber und über die Menschen, die ihnen folgen, kann man sich trefflich aufregen. Dabei dienen Stereotype zunächst einmal – urgeschichtlich entwickelt – der Entlastung des Gehirns. Man muss nicht bei jedem Reiz oder jeder Wahrnehmung nachdenken, sondern kann in Bruchteilen von Sekunden Situationen und Menschen einordnen. Das reduziert Unsicherheit und schafft Klarheit und Orientierung in Zeiten immer größerer Komplexität. Widersprüche lassen sich so geschickt ausblenden. Stereotype stellen Zugehörigkeiten her. Ich weiß, wohin ich gehöre und wohin nicht. Als „soziale Eintrittskarte" auf der einen Seite helfen sie bei der Abgrenzung auf der anderen Seite und der Definition von sich selbst und den anderen. Mein positives Selbstbild lässt sich besser erhalten in der eigenen Aufwertung und der Abwertung der anderen. Letztlich dienen Stereotype somit auch der Legitimation und dem Erhalt von Macht und Herrschaft. Vorurteile sind quasi die Söhne und Töchter der Stereotype. Verfestigt sich die schnelle Einordnung und Orientierung, wird sie Teil unserer Wirklichkeit, halten wir sie für wahr und gründen darauf unsere Meinung, dann bewegen wir uns in der Welt des Vorurteils. Wie schon beim Konstruktivismus gezeigt, sehen wir die Welt nicht, wie sie ist, sondern wie wir sie sehen wollen, wir sehen nicht die Realität, sondern unsere Wirklichkeit – also das, was in uns wirkt. Vorurteile haben einen hohen Wirkungsgrad. Dabei dienen sie zunächst einmal einer ersten Einschätzung *vor* dem Urteil oder der Beurteilung. Auch hier steht wieder die Entlastung des Gehirns, die schnelle Orientierung und Klarheit in der Komplexität, im Vordergrund. Haben wir aber eine Person einmal in eine bestimmte Schublade gesteckt, wird sie schwerlich wieder herauskommen.

Vorsicht vor schnellen Urteilen

Die Gefahr liegt also darin, dass unsere schnellen Eindrücke sich zu einem Urteil verfestigen. Dazu gehört die Generalisierung (alle ... sind so), d. h., eine schlechte Erfahrung oder vermeintliches Wissen erhält dauernde Gültigkeit. Wir senden nicht mehr „Ich-Botschaften" über unser Empfinden, sondern drücken mit „Du-Botschaften" anderen den Stempel auf: „Nie bist du pünktlich. Immer muss ich auf dich warten." Eine Revision gelingt oft nicht nur durch anderslautende Daten und Fakten, sondern es ist zudem die geänderte persönliche Wahrnehmung und Erfahrung nötig, um zu einem anderen Urteil als zuvor zu kommen.

Unser Zusammenleben erhält einen gemeinsamen Rahmen durch Normen, Regeln und Werte. Jeder Einzelne erfüllt dabei bestimmte Rollen, die ihm seine Sozialisation von klein auf vorgibt. Durch Erziehung, stetes Lernen und Anpassung setzen wir uns selbst immer wieder neue Rahmen, die unser Handeln leiten. Dabei geraten wir auch in die Gefahr, durch selbst entwickelte Stereotype und Vorurteile vorschnelle Urteile über andere zu fällen.

3. Framing

Framing lässt sich im Deutschen etwas ungelenk mit „Deutungsrahmen“ bezeichnen. Ich habe schon aufgezeigt, dass die Wurzeln für Framing tief liegen und weit verzweigt sind. Denn in fast allen Lebenssituationen – vor allem aber, wenn wir uns interaktiv bewegen – findet Beeinflussung statt, durch Situationen, Rollenvorbilder und anderes. Das ist nun wahrlich nicht neu. Aber ist Framing mit Einflussnahme schon ausreichend beschrieben? Nein, wie Sie in diesem Kapitel erfahren werden.

3.1 Definition

Framing gibt den kommunizierten Inhalten und adressierten Verhaltensweisen – wie der Name schon sagt – einen bestimmten Rahmen. „Unbewusst denken, fühlen und verhalten wir uns immer aus einem individuellen Bezugsrahmen heraus.“ (Lohkamp, 2022) Und dieser Rahmen lässt sich bewusst gestalten und steuern. Es ergibt sich also ein Prozess, bei dem Themen, Inhalte und Ereignisse in ein Deutungsraster gesetzt und somit komplexe Informationen selektiert und strukturiert aufbereitet werden. Und dies ganz im Sinne des Framing-Erstellers.

Begriffsbeschreibungen

Die Ursprünge des Framings liegen in der Beschreibung psychologischer Phänomene durch Gregory Bateson (1972)*, der von „Exklusion und Inklusion bestimmter Informationen in Nachrichten" spricht. Erving Goffman (1974)* baute auf dessen Erkenntnissen auf und bezeichnet Frames als „Definitionen von Situationen, die Ereignisse in Sinnstrukturen wiedergeben". Er wendet Framing nicht auf die Massen-, sondern auf die Alltagskommunikation an. Eine gängige Definition stammt von Robert Entman (1993)*: „Framing bedeutet, einige Aspekte einer wahrgenommenen Realität auszuwählen und sie in einem Text so hervorzuheben, dass eine bestimmte Problemdefinition, kausale Interpretation, moralische Bewertung und/oder Handlungsempfehlung für den beschriebenen Gegenstand gefördert wird."

Reduktion von Komplexität

Framing ist in diesem Sinne ein geschätztes Hilfsmittel, um die Komplexität von Themen zu reduzieren. Der Framer erweist seinen Adressaten einen vermeintlich guten Dienst, indem er bestimmte Informationen und Sichtweisen hervorhebt und andere in den Hintergrund stellt. Insbesondere gesellschaftliche Themen können nicht in ihrer ganzen Komplexität vermittelt werden, sondern bedürfen der Rahmung bezüglich Blickwinkel und Kompaktheit. Selbstverständlich – so wird betont – obliegt die Auswahl des Rah-

---

* Gregory Bateson (1972): Steps to an ecology of mind/Erving Goffman (1974): Frame Analysis/Robert Entman (1993): Framing: Towards a Clarification of a Fractured Paradigm

mens und seines Inhalts nach wie vor der Verantwortung und Mitbestimmung des Empfängers der Botschaft. Hier müsste jetzt ein Augenzwinkern stehen, denn natürlich ist es die latente Absicht des Framers, *seine* Sichtweise bzw. die seines Auftraggebers zu vermitteln. Wir bewegen uns also hier auf dem schmalen Grat zwischen wohlmeinender Aufbereitung von Information einerseits und der Intention von Beeinflussung oder gar Manipulation auf der anderen Seite. Bei scheinbar objektiven Sachverhalten kommt es dennoch auf die Wahrnehmung und Bewertung an (ist das Glas noch halb voll oder schon halb leer?) Häufig wird es auch als Erklärung von Optimismus bzw. Pessimismus herangezogen.

Auswirkungen der Deutungsentscheidung

Eine positive Deutung kann Mut machen und das Anpacken beflügeln, eine negative Deutung hingegen kann zur Resignation oder Lethargie führen. Auch das „Shadowpainting" (Schwarzmalerei) sieht eher die Risiken als die Chancen. Manchmal wird beim Framing auch vom „Aufgleisen" gesprochen. Dabei bleibt offen, ob als Lokomotive mit eigenem Antrieb auf festgelegten Schienen oder als Waggon – gezogen von anderen. Ebenso determinierbar bleibt, ob der Zug wie bei der Modelleisenbahn immer die gleiche Runde fährt (Routine) oder sich in einem weitverzweigten Schienennetz bewegt (Variabilität), welche Weichen er nimmt, an welchen Signalen oder Bahnhöfen er stehen bleibt.

In jedem Fall kann die „Rahmung" komplexer Informationen aus unserer Umwelt und unserem Kontext als Konstruktion der Alltagswirklichkeit und somit als „konstruktivistischer Ansatz“ verstanden werden. Darüber hinaus ist es sinnvoll, die Entstehung, das Erkennen und Verändern und die Folgen von Frames näher zu betrachten. Dabei gehe ich zunächst auf die Formen von Framing ein und erläutere dann die Querverbindungen zu ergänzenden und erweiternden Elementen des Framings.

Framing hilft uns dabei, komplexe Fragestellungen zu simplifizieren. Die Frage, ob ein Glas halb voll oder halb leer ist, ein Ereignis positiv oder negativ bewertet wird, wirkt sich auf unsere Einstellung und unser Handeln aus.

3.2 Formen des Framings

Das Feld des Framings ist vielschichtig und different.

- Unter **Basic Framing** fallen der erste Eindruck, die Deutung und das Abgrenzen von Themen und Inhalten.
- **Peer Framing** meint die Wechselwirkung von Gruppen Gleichaltriger und/oder Gleichgesinnter – von der Schulklasse bis zur Fankurve im Stadion.
- **Social Framing** basiert auf den verschiedenen Phasen der Sozialisation des Individuums bis zur Ausprägung der eigenen Persönlichkeit.
- Aus diesem gesellschaftlichen Prozess abgeleitet ist das **Political Framing**. Es geht um die „Kunst“ der Vermittlung von politischen Inhalten, insbesondere in Wahlkampagnen zur Erlangung politischer Funktionen oder Ämter.

Darüber hinaus steht die sogenannte „öffentliche Meinung“ im Fokus, die es im Sinne des Framers zu beeinflussen gilt. Mehr dazu bei Elisabeth Wehling (2018), die u. a. Wahlkampagnen in den USA analysiert hat.

- **Ökologisches Framing** hat sich im Zuge der Entwicklung von Umweltbewusstsein und Klimawandel entwickelt. Dabei geht es um die Frage, wie eine Gesellschaft mental und agitativ auf diese Herausforderungen reagiert und ihre Sicht- und Verhaltensweisen zu ändern bereit ist. Jüngster Aspekt ist beispielsweise das „Greenwashing“ von Produkten und Unternehmen.
- **Ökonomisches Framing** betrachtet im weitesten Sinne Marketing und Werbung für Produkte und Dienstleistungen, das Markt-Placement und die Sales-Effects, d. h., mit welchen Mitteln Unternehmen ihre Akzeptanz im Markt, ihre Umsatzzahlen und letztlich ihren Gewinn bzw. Return on Investment erhalten bzw. ausbauen können. Dazu gehören dann auch solche Frames wie das Abstecken von Claims, die Arbeit mit Objectives oder KPI (Betriebswirtschaftliche Kennzahlen) bzw. OKR (Management-Methode zum Führen mit Zielen).
- Bleibt noch das **Business Framing**. Es gibt einige Schnittmengen zum vorherigen Bereich, jedoch stehen zusätzlich die Beziehungen der Menschen, ihre Interaktionen und die Wechselwirkungen mit der Organisation und deren Systemik im Vordergrund.

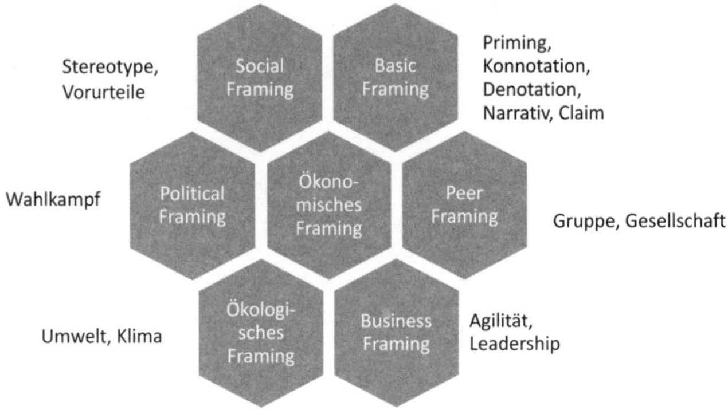

Abb. 3: Verschiedene Formen von Framing

Ferner unterscheidet man noch **externes** bzw. **internes** Framing, also die Einflüsse, die von außen an das Individuum herangetragen werden, und solche, mit denen es sich intern, also im eigenen Bewusstsein und Denken, auseinandersetzt.

Framing hat verschiedene Ausformungen. Es reicht vom Basic Framing – dem ersten Eindruck – über Political Framing – wie es beispielsweise im Wahlkampf stattfindet – bis hin zum Business Framing in Unternehmen und Organisationen.

3.3 Self-Framing

Neben dem Rahmen, den andere uns geben, gestalten wir sehr häufig unseren Rahmen selbst. Wir sprechen dann von „Self-Framing“. Wie schon bei Oerter erwähnt, verfügen wir über die Möglichkeit des „Role-Makings“ (s. S. 24), wir können also in selbstständiger Form unseren Weg suchen. Aber auch dabei sind wir von Einflüssen der Umwelt nicht frei.

Glaubenssätze

Seit wir denken können, produzieren wir für die Gestaltung unseres Alltags Glaubenssätze. Wer hat nicht schon gehört:

- Das schaffst du nicht!
- Das ist zu schwer für dich!
- Das musst du genauer, sorgfältiger, besser machen!
- Das dauert alles zu lange!
- Das können andere aber besser!

Unser eigenes Framing macht daraus Glaubenssätze:

- Ich muss perfekt sein!
- Ich muss es allen recht machen!
- Ich darf keine Schwäche zeigen!
- Schnelligkeit geht vor Genauigkeit!
- Pünktlichkeit ist eine Zier!
- Ordnung ist das halbe Leben!

Bei manchen Menschen führen diese Glaubenssätze zu Einengung und Zwang, sie provozieren Fehler oder gefährden ihre Gesundheit. Wer perfekt sein und es allen recht machen will, landet schnell im Burn-out. Alle diese Glaubenssätze bezeichnet die Psychologie als „Antreiber“, wie z. B.:

- Sei perfekt! – Sei beliebt! – Mach es allen recht!
- Beeil dich! – Sei stark! – Streng dich an!

Menschen, die ihnen folgen, sind Getriebene. Hier gilt es, diesen Mechanismus zu erkennen und Glaubenssätze durch neue Einsichten zu überschreiben. Die Änderung von Gewohnheiten ist aber ein mühsamer Prozess (siehe Kap. 4.4). Das Verändern der Denkweise bedeutet, die Antreiber durch „Erlauber“ zu ersetzen. Solche sind z. B.:

- Akzeptiere die 80-%-Lösung – Sei du selbst! – Trau dir etwas zu!
- Nimm dir Zeit! – Jeder hat mal einen schlechten Tag – Achte auf dich!
- Du musst es nicht allen recht machen, nicht bei allen beliebt sein!

Es gibt im Übrigen Testverfahren zur Feststellung, ob Sie Antreibern folgen und welche es sind (z. B. das Riemann-Thomann-Achsenkreuz).

Beim Self-Framing lassen wir uns von unseren eigenen Glaubenssätzen beeinflussen, die unser Handeln prägen und entscheiden, ob wir angetrieben oder mit Freiräumen leben.

3.4 Org-Framing

Parallel zum eigenen Rahmen müssen sich Mitarbeitende in Unternehmen auch mit den dort vorhandenen „Rahmen“-bedingungen auseinandersetzen. Dabei handelt es sich um **Leitsätze oder Richtlinien.** Oft werden damit Ziele, Werte und/oder Strategien verknüpft. Alles hängt wieder mit der Notwendigkeit der Orientierung zusammen. So gibt es neben zahlreichen Kompetenzmodellen auch das Handlungsquadrat, das den Rahmen von Mitarbeitenden im Unternehmen beschreibt:

1) **Wissen** Mitarbeitende bei einer Aufgabe, um was es geht, welche Ressourcen und Arbeitsmittel zur Verfügung stehen, welche Ziele erreicht werden sollen, welchem Zweck die Arbeit dient?
2) **Können** Mitarbeitende bei einer Aufgabe ihre Fähigkeiten und Fertigkeiten einsetzen, einen ausreichenden Schulungs- und Qualifizierungsstand vorweisen?
3) **Wollen** die Mitarbeitenden die Aufgabe erfüllen? Sind sie vom Inhalt und Sinn der Aufgabe überzeugt und motiviert?
4) **Dürfen** die Mitarbeitenden (vorgegebene bzw. vereinbarte) Gestaltungs- und Entscheidungsspielräume eigenständig nutzen, dürfen sie eigene Ideen einbringen? Sind sie für die Durchführung und das Ergebnis selbst verantwortlich?

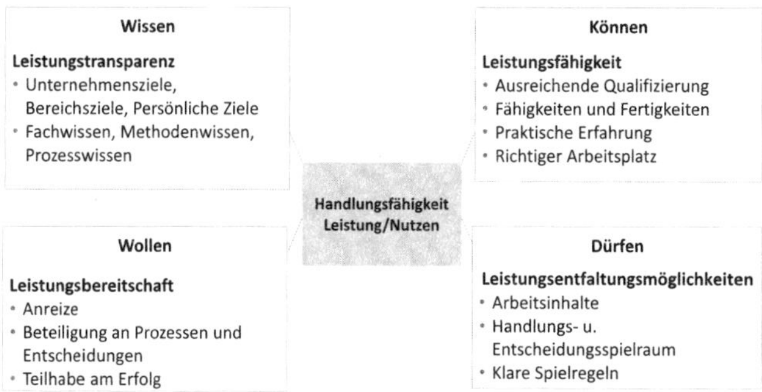

Abb. 4: Das Handlungsquadrat

Wird einer der Quadranten ausgeklammert oder eingeschränkt umgesetzt, gerät das gesamte System in Schieflage.

Mindset

Viele Unternehmen geben den Mitarbeitenden Werte an die Hand, zeigen anhand von Compliance-Richtlinien den Handlungs- und Verhaltensspielraum auf, strukturieren das Tagesgeschäft durch Arbeitsordnungen oder definieren Aufgaben bzw. Ziele durch Kennzahlen (KPI, OKR). Häufig sind damit Beurteilungen oder Prämienzumessungen verbunden. Neuerdings wird im Zuge der neuen (aber eigentlich alten) Agilität auch das „richtige" **Mindset** gefordert und gefördert. Die Idee von Agilität geht zurück auf das in den 1950er-Jahren entwickelte Modell von Talcott Parsons mit den vier Funktionen:

- **A**daptation (Anpassung),
- **G**oal Attainment (Zielverfolgung),
- **I**ntegration (Eingliederung) und
- **L**atency (Standardisierung mit Nachhaltigkeit).

Agilität ist gefragt

Mindset im neuzeitlichen Verständnis meint die Einstellung der Mitarbeitenden bezüglich ihres Denkens, Redens und Handelns. Soll dieses „agil" sein, bedarf es aber nicht nur der Motivation der Mitarbeitenden, sondern im besonderen Maße der Umgestaltung agilitätsfeindlicher Strukturen, der transparenten und klaren Formulierung von Aufgaben und Zielen sowie dem Einrichten und Fördern von persönlichen Gestaltungs- und Entscheidungsspielräumen, sei es für den Einzelnen oder ganze – oft auch interdisziplinäre – Teams. Hinzu kommt die Bereitschaft zu kreativen Prozessen und Innovationen mit der Möglichkeit des Ausprobierens sowie der Akzeptanz einer 80-%-Lösung. Ohne Kreativität und Mut zur Innovation werden wir die Zukunft nicht gewinnen.

Die Führungskraft als Coach

Ein solches Mindset setzt ein Verständnis von Leadership voraus, das Abschied nimmt vom „Vorgesetzten" und die Führungskraft in der Rolle des Koordinators, Supporters und Coaches sieht. *„Wenn Du jemand dazu bewegen willst, sein Bestes zu leisten, musst Du dieses Beste in ihm sehen und daran glauben."* Das ist das „Framing-Verständnis" für Führung eines Johann Wolfgang von Goethe. Letztlich gilt für diese verschiedenen Formen des „Org-Framings", dass sie auf Hochglanzpapier gedruckt oder morgens als „Tipp für den Tag" auf dem Rechner nur dann etwas bringen, wenn sie auch im Unternehmen gelebt werden, die Mitarbeitenden also erkennen können, dass keine hohlen Phrasen gedroschen werden, sondern alle diese guten Ansätze oder Vorsätze im Tagesgeschäft Umsetzung finden.

Den bestimmenden Rahmen in Unternehmen setzen die internen Richtlinien, die das Mindset der Mitarbeitenden prägen. Ein agiles Miteinander ist hier zunehmend von Bedeutung.

3.5 Die 4 Entscheidungsquadranten

Im Laufe unseres Lebens erwerben wir Wissen, Fähigkeiten und Fertigkeiten sowie Erfahrungen, die oft mit Emotionen verbunden sind. Unsere für das analoge und digitale Denken zuständigen Hirnregionen werden dabei mit Informationen gefüllt und in einem stetigen interaktiven Prozess von uns befragt. Diese Wechselwirkung verhindert einseitiges Vorgehen. Zum Beispiel bei einer Entscheidung.

Hier gibt es **4 Entscheidungsquadranten**:

1. **Wissen:** Ich weiß, dass es geht/nicht geht.
2. **Fähigkeiten/Fertigkeiten:** Ich kann das/kann das nicht.
3. **Erfahrungen:** Das hat schon mal funktioniert/nicht funktioniert.
4. **Emotionen:** Das brachte gute/schlechte Gefühle.

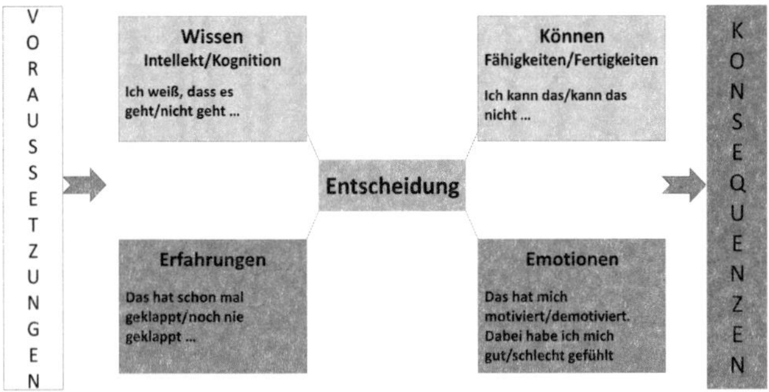

Abb. 5: Die 4 Entscheidungsquadranten

Der Gehirnbesitzer wird die Überprüfung dieser Bereiche eher unbewusst vornehmen, der Gehirnbenutzer kann sich die Befragung seines Gehirns bewusst machen, also Entscheidungen anders framen.

Unsere Handlungen werden vor allem von den vier Bereichen Wissen – Können – Erfahrungen – Emotionen bestimmt. Wer sich dieser Bereiche bewusst ist und dieses Wissen nutzt, statt aus dem Bauch heraus zu agieren, trifft Entscheidungen bewusster.

3.6 Werkzeuge des Framings

Häufig wird in diesem Zusammenhang auch vom „Ersteindruck" gesprochen. Was muss ich tun, um beim Gegenüber einen Reiz anzusprechen, eine Wirkung zu erzielen, einen bleibenden Eindruck zu hinterlassen? Also den anderen zu prägen, zu framen. Es geht abgesehen von Personen und ihrer Wirkung darum,

- bestimmte Informationen auszuwählen,
- sie hervorzuheben,
- sie akustisch, visuell, medial besonders herauszustellen,
- ihnen damit ein besonderes Gewicht zu verleihen,
- bei den Adressaten einen speziellen Reiz auszulösen, der alle Filter überwindet und seine Wirkung entfaltet,
- und dem Gehirn des Informations-Empfängers zu signalisieren: Diese Nachricht ist von großer Bedeutung für dich. Merk dir das, was da kommt!

Selbstverständlich geraten dadurch andere – möglicherweise gegensätzliche – Informationen in den Hintergrund. Das wird in Kauf genommen oder bewusst so gesteuert.

Reize setzen

Ein besonders eindrückliches Beispiel sind die im Supermarkt (oder generell beim Einkauf) gesetzten Reize (optische = Werbeschilder, akustische = Hintergrundmusik oder Ansagen, olfaktorische = Geruch von frischem Brot etc.), die dem Gehirn des Kunden suggerieren: „Kauf mich!“ Priming bahnt den Weg, an dessen Ende die Kaufentscheidung stehen soll. Dabei wird die ganze Klaviatur der Reize oder Stimuli und die ganze Welt unserer Assoziationen genutzt. Dabei ist besonders wichtig, den Reiz schnell und unmittelbar zu setzen, sodass die Assoziationen (auf Erfahrungen, Gefühle und Emotionen) einsetzen, bevor wir über die Information und deren Bedeutung/Nutzen für uns mit der anderen Gehirnhälfte nachdenken können. Wir werden speziell auf diese Weise durch alle Formen des Marketings „angetriggert“.

Beeinflussende Wirkung

Erstaunlich ist zudem, dass dieses Priming sogar nachhaltig wirken kann, wie John Bargh (1996) im Zuge des „klassischen „Florida-Experiments“ nachweisen konnte.* Oder

* Eine Versuchsgruppe sollte an Begriffe denken, die mit Alter zu tun haben. Die andere Gruppe bekam diesen Hinweis nicht. Beide Gruppen sollten sich dann in einem Raum bewegen. Die erste Gruppe bewegte sich – entsprechend getriggert – deutlich langsamer und vorsichtiger.

nehmen wir ein anderes Beispiel: Die Wand ist: weiß. Der Schnee ist: weiß. Was trinkt die Kuh? – Sie werden automatisch „Milch“ sagen: Sie wurden erfolgreich „geprimed“, obwohl die Kuh natürlich Wasser trinkt.

Priming ist somit eine Form des selektiven Framings mit einem klaren Targeting (Zielerreichungsabsicht).

Kontext, Agenda, Setting

Alle drei Begriffe haben bestimmte Schnittmengen und werden von daher hier zusammen betrachtet. Ein **Kontext** ist der Denk-, Kommunikations- und Handlungszusammenhang, in dem eine Information entsteht bzw. weitergegeben und eingeordnet wird. Es geht also einerseits um den Zusammenhang bei der Verwendung eines bestimmten Wortes oder Begriffs und auf der anderen Seite um alle Elemente, die zum Verständnis einer (Sprech-)Situation beitragen. Häufig wird Kontext auch im Zusammenhang mit der Betrachtung der Metaebene der Kommunikation verwendet, also um zu analysieren, welche Prozesse jenseits der reinen Sprachverwendung ablaufen. Da das Setzen und Erkennen des Kontextes also das Verständnis mitbestimmt, gehört zum erfolgreichen Framing auch die richtige Kontext-Findung dazu. Man unterscheidet zwischen sprachlichem und situativem Kontext. Der Kontext ist somit ein **Hilfsmittel des Framings**.

Gezielte Themenauswahl

Die **Agenda** ist die bewusste und zielgerichtete Auswahl von Themen und den damit verbundenen Informationen. Wenn jemand etwas nicht auf „seiner Agenda“ stehen hat, will er damit ausdrücken, dass dieses Thema für ihn nicht relevant oder interessant ist. Darüber hinaus dient eine Agenda als Festlegung der Reihenfolge bei der Bearbeitung von Themen und Aufgaben sowie als Gliederung und Orientierungshilfe – oft auch im Sinne einer Tagesordnung – für Workshops und Meetings. Das Aufstellen und Abarbeiten einer Agenda und somit die Fokussierung auf bestimmte, ausgewählte Themen und Informationen sind somit **Teil des Werkzeugkastens beim Framing.**

Architektonische Gestaltung

Unter **Setting** versteht man „den Rahmen einer Situation in einem Kontext“ (Lohkamp, 2022). Es bildet somit das Feld ab, auf dem die beteiligten Personen interagieren. Im Filmbereich bezieht sich der Begriff auf die Anordnung einer bestimmten Szene gemäß Drehbuch, das heißt, das Setting zwischen Personen gibt den Gestaltungs- und Handlungsspielraum vor, den die Agierenden für ihre Ziele nutzen können. Dabei entstehen höchst unterschiedliche Settings: Ein Coaching ist etwas anderes als eine Therapie, ein Mitarbeitendengespräch unterscheidet sich von einem Meeting oder Workshop, ein Streit oder Konflikt hat einen anderen Rahmen als eine Geburtstagsfeier oder ein Rendezvous. Das Setting gehört somit zur **Architektur des Framings.**

Denotation, Konnotation und Semantik

Diese drei Begriffe sind in der Sprachwissenschaft zu Hause. Die **Denotation** meint die eigentliche, ursprüngliche

Bedeutung eines Wortes. Sie ist frei von Interpretation oder Deutung – also wertneutral. Das Wort „Lehrer“ bezeichnet also „eine Person, die Schüler unterrichtet“. Dabei fällt es schwer, sich auf diese sachliche Ebene zu beschränken. Unsere andere Gehirnhälfte verbindet nämlich mit dem Wort automatisch unsere Erfahrungen, Erinnerungen und Emotionen und ruft mehr oder weniger positive Assoziationen hervor, die wir mit „Lehrer“ verbinden. Dies können wir mit allen möglichen Begriffen durchspielen. Bei „Pizza“ wird dem einen das Wasser im Munde zusammenlaufen, ein anderer mag sie nicht oder hatte schon mal eine schlechte Erfahrung damit.

Mehr als nur ein Wort

Darüber hinaus schwingt bei vielen Wörtern aber auch eine Verwendung im sogenannten „übertragenen Sinne“ mit. So sorgt die Aussage „Du bist mein ganzes Herz“ für den Ausdruck eines innigen, positiven Gefühls über die Bezeichnung eines inneren Organs hinaus. Die Nebenbedeutung eines Wortes ist die **Konnotation,** also das, was in uns beim Hören angesprochen wird und eine Wirkung auslöst. So entstehen positive oder negative Wertungen. In welche Richtung es dabei geht, ist von Person zu Person höchst unterschiedlich und hängt von der individuellen Wirklichkeit, der persönlichen Wahrheit und Erfahrung ab. Mancher denkt bei „Nacht“ nicht nur an eine Zeitspanne, sondern an Dunkelheit, Kälte, Einsamkeit, Angst oder andererseits an einen lauen Moment im Sommer beim Betrachten des Sternenhimmels. Die „Nacht“ im Leben eines Menschen kann daher auch als negative Lebensphase oder Moment der Krise und Verzweiflung verstanden werden. Frege* bezeichnet Konnotation als „intentionale Bezugnahme". Wie man mit Wörtern oder Wortneuschöpfungen bewusst Wirkung erzielen kann, werden wir beim Thema Werbung noch sehen. **Framing nutzt für seine Zwecke bestimmte Wörter und die damit verbundenen Konnotationen.**

Die Ebene der Wort-Bedeutung

Macht man sich über die Bedeutung von Wörtern und Sätzen Gedanken, befindet man sich im Bereich der **Semantik.** Insbesondere dann, wenn es um deren Interpretation und Deutung geht. Dabei wird untersucht, wie Wörter in einer Sprache verwendet, wie sie von Menschen verstanden und in einem Kontext eingeordnet werden, aus dem sich ihre Relevanz und Bedeutung für Verwender und Empfänger von Informationen erschließen. Semantik hilft bei der Vermeidung von Missverständnissen. Man kann zwar aus der Nordsee ein Kilo Watt holen, aber damit keinen Elektromotor antreiben.

Das Narrativ

Seit den 1990er-Jahren gibt es bereits den Begriff des Narrativs, er ist also gar nicht so neu, wie es zurzeit den Anschein hat, da er durch fast inflationäre Verwendung in Talkshows, Kommentaren und Statements in aller Munde ist. Ein Narrativ steht zunächst einmal für eine sinnvolle

---

* https://www.philoclopedia.de/was-kann-ich-wissen/bedeutung/gottlob-frege-%C3%BCber-sinn-und-bedeutung/

Erzählung – wie der lateinische Ursprung schon verrät. Allerdings ist mit dieser Erzählung die Absicht verbunden, einerseits eine bestimmte Art der Wahrnehmung der Umwelt zu transportieren und andererseits die Zuhörer von dieser Sicht der Dinge so zu überzeugen, dass sie sich dem Narrativ anschließen, es im besten Fall der Einflussnahme zu dem ihren machen.

Ein Bild der Wirklichkeit wird geprägt

Ein Narrativ will bewusst Werte, Meinungen und Emotionen transportieren. Und zwar solche, für die die Zuhörer gemäß ihrer Wirklichkeit, ihres Kontextes, ihres Settings empfänglich sind. Narrative haben oft einen Bezug zu einem bestimmten Themenfeld, einem konkreten kulturellen Umfeld und/oder bestimmten Regionen/Nationen. Sie sind keine „Märchen“ klassischer Art, sind schon gar nicht beliebig, sondern in höchstem Maße intentional und in der Regel strukturiert und gesteuert. Dabei ist nicht der Wahrheitsgehalt ausschlaggebend, sondern vielmehr das gemeinsame Bild der Wirklichkeit, des Alltags, der politischen Lage etc. Narrative haben somit – wenn sie professionell gestaltet sind – eine große Anziehungs- und Strahlkraft. Dabei ist es neuromorphologisch wichtig, ein gewähltes Narrativ permanent zu wiederholen, in diversen Kanälen zu platzieren und ggf. zu variieren oder anzupassen, ohne den Kern, die Zielbotschaft, aufzugeben. Entscheidend ist dabei zudem die Darstellung der Glaubwürdigkeit des „Narrateurs“ und das Buhlen um das Vertrauen seiner Zuhörer.

Storytelling als Phänomen der Zeit

Seit einiger Zeit ist „Narrativ“ zum Modewort geworden, weil es nun für fast jedes Phänomen oder bei allen möglichen Themen verwendet wird. Einfach nur etwas zu erzählen oder eine Botschaft weiterzugeben ist „oldschool“. Wer etwas auf sich hält und Aufmerksamkeit erreichen möchte, übt sich im „Storytelling“ und hat ein Narrativ. Dabei ist das Anwendungsspektrum fast unerschöpflich: von der 2-Grad-Erderwärmungsdiskussion über Chancengleichheit in der Bildung bis zum Agilen Mindset lässt sich für fast alles ein Narrativ aufbauen.

Ein Narrativ ist somit ein äußerst geeignetes Instrument zur persönlichen und zur gesellschaftlichen Orientierung(-sgebung) im Rahmen eines Framingprozesses.

Manipulation

Wenn Sie bis hierher meinen Ausführungen gefolgt sind, wird vermutlich die Frage aufgetaucht sein, ob das nicht alles schlicht und ergreifend nichts anderes als Manipulation sei. Ja und nein! Ich habe aufgezeigt, dass wir ab dem Verlassen des Mutterleibes von Beeinflussung umgeben sind. Dabei geht es darum, ob diese elementar zu einem Entwicklungs- und Reifeprozess, also zur Menschwerdung, dazugehört, oder ob andere Ziele – meist partielle oder individuelle – dahinterstecken. Nämlich wenn Beeinflussung nicht zum Wohle der beeinflussten Person oder Gruppe oder Gesellschaft geschieht, sondern primär oder ausschließlich im Sinne und der Zielsetzung des Beeinflussenden.

Bewusste Steuerung

Schauen wir mal, was man unter Manipulation versteht. Zunächst geht es wertfrei um „Handhabung“. So kann die Bedienung einer Maschine auch als deren Manipulation gesehen werden. Auch ein Physiotherapeut würde seine Massage oder Krankengymnastik als Manipulation bezeichnen. In der Psychologie oder Soziologie bekommt dieses Handanlegen die Bedeutung einer gezielten und oft verdeckten – also für andere undurchschaubaren – Einflussnahme, meist zum Vorteil des Manipulators. Es geht also um bewusste Steuerung von Personen oder auch Prozessen in eine bestimmte Richtung. Dabei werden alle Instrumente aus dem Werkzeugkasten des Framings eingesetzt.

Und oft wird an Erfahrungen und Emotionen angeknüpft. Gewisse Formen der Manipulation sind gesellschaftlich erkannt und akzeptiert. Man weiß, dass Werbung nicht unbedingt das Wohl des Kunden im Fokus hat, sondern den Umsatz von Produkten und Dienstleistungen. Wir müssten auch schon auf eine einsame Insel auswandern, um diesen Prozessen zu entgehen. Hier geht es vor allem um Aufklärung und Information, damit der Kunde sich überlegt und nicht unterbewusst entscheiden kann und nicht von manipulativ gewieften Verkäufern über den Tisch gezogen wird. Mehr dazu in Kapitel 4.1.

Negative Wirkung

Häufig hat aber der Begriff Manipulation eine negative Konnotation, weil wir undurchsichtige, böse Ansichten damit verbinden. Insbesondere die verbale Ebene bietet mit zahlreichen rhetorischen Werkzeugen viele Möglichkeiten, wie schon Rupert Lay vor vielen Jahren erkannt hat.* Auch gesellschaftlicher Druck kann manipulativ sein. Man denke an die vehement geführte „Gender-Diskussion“ oder die Auseinandersetzung über sogenannte „kulturelle Aneignung“. Beide Bereiche verdienen zweifellos unser Augenmerk. Aber Achtung, wenn daraus kollektiver Zwang oder eine Überhöhung wird.

Framing unterstützt uns dabei, komplexe Fragestellungen zu erleichtern und wirkt sich auf viele Bereiche unseres Lebens aus.

- Framing nimmt Einfluss auf unsere Entscheidungen und Handlungen. Egal ob beim ersten Eindruck, dem Basic Framing, oder beim Ökologischen Framing angesichts der bedrohlichen Klimakrise bzw. beim Business Framing in Unternehmen und Organisationen.
- Framing kann durch uns selbst erfolgen (Self-Framing) und trägt zur Bildung der individuellen Wirklichkeit und Meinung bei. Darüber hinaus setzt und bestärkt es unsere Antreiber und Erlauber, versorgt den „inneren Schweinehund“ mit Argumenten und nimmt Einfluss auf Anpassungs- und Veränderungsprozesse.
- Framing geschieht auch durch das Umfeld. Zum Beispiel durch Feedback, das wir gewünscht oder unaufgefordert erhalten. Wir überprüfen uns bezüglich unserer Wirkung auf andere und unsere Erfolge bzw. Misserfolge bei Aufgaben

* Rupert Lay (1998): Manipulation durch die Sprache

und Projekten. Dabei liegt es in der Hand des Feedbackgebers, in welche Richtung gesteuert wird: beschreibend oder bewertend, das Verhalten oder die Person betreffend, demotivierend oder aufbauend-ermutigend.

- Den handlungsleitenden Rahmen in Unternehmen setzen die internen Richtlinien, die das Mindset der Mitarbeitenden prägen.
- Deren Handlungen werden vor allem von den vier Bereichen Wissen – Können – Erfahrungen – Emotionen bestimmt. Wer sich dieser Bereiche bewusst ist und dieses Wissen nutzt, statt aus dem Bauch heraus zu agieren, trifft Entscheidungen bewusster.
- Framing verfügt über vielfältige Werkzeuge: Reize verfolgen das Ziel, uns in der gewünschten Intention zu beeinflussen. Die Auswahl einer Agenda, die Schaffung eines bestimmten Settings sowie die Verankerung eines Narrativs liefern Orientierung im privaten Bereich sowie im beruflichen Umfeld, aber auch im gesellschaftlichen Diskurs.
- Framing kann auch von der reinen Beeinflussung in die Manipulation übergehen.
- Framing eröffnet bei der Wortdeutung und deren Sinnfindung ein weites Feld der Interpretation. Das kann zu Missverständnissen und Blockaden bei Kommunikation und Interaktion führen, wenn z. B. unterschiedliche Wirklichkeiten unausgesprochen und undefiniert aufeinandertreffen und in der Folge Themen, Aufgaben und Ziele unklar und unabgestimmt bleiben.

Wie lässt sich Framing im Verkauf und bei Verhandlungen wirkungsvoll einsetzen?

Seite 59

Welche Bedeutung hat Framing in Unternehmen und Organisationen?

Seite 63

Wie kann Framing zielorientiert angewendet werden?

Seite 71

4. Die Anwendungsfelder

Nachdem nun die verschiedenen Aspekte des Framings beleuchtet wurden, geht es nachfolgend um die Praxis. Dabei möchte ich zum einen aufzeigen, wie Framing eingesetzt wird, damit Sie es erkennen und angemessen reagieren können. Und zum anderen gebe ich Ihnen einige Impulse, wofür und wie man Framing selbst zielführend nutzen kann. Es geht also um das **Erkennen und Anwenden**.

4.1 Verkauf, Vertrieb, Verhandlung

Ein klassisches Anwendungsfeld für das Framing der Zielgruppe ist der Verkauf von Waren und Dienstleistungen, aber auch Verhandlungssituationen oder mancher Blog gehören dazu. Immer geht es darum, die Adressaten zu einer Denk- und Verhaltensweise im Sinne der Autoren zu bewegen.

Die alte Strategie-Formel des Verkaufens hat daher nach wie vor Gültigkeit: AIDA steht für:

- **A** ttention (Aufmerksamkeit herstellen)
- **I** nterest (Interesse wecken)
- **D** esire (Bedürfnisse und Wünsche erzeugen)
- **A** ction (Handlung im Sinne von Zustimmung bzw. Kauf)

Framing geschieht hier vor allem über die emotionale Schiene. Es gilt herauszufinden, was die Zielgruppe anspricht, auf welchen Reiz sie reagieren wird, welche Gefühle positiv oder negativ angesprochen werden können, welche Versprechen matchen, wie eine Aufforderung zum Kauf verpackt werden muss.

Nehmen wir mal das boomende Online-Geschäft. Der potenzielle Kunde wird wertgeschätzt. Man gibt ihm das Gefühl, wichtig und einzigartig zu sein. Zum Beispiel durch persönliche Anrede beim Öffnen der Internetseite (der Kunde wird geduzt, um Nähe herzustellen), auf ihn abgestimmte Kaufangebote (die Künstliche Intelligenz leistet da gute Dienste), eine schier endlose Auswahl (wie im Schlaraffenland) und schnelle Lieferung. Hinzu kommt der Paketbote, der mir die „Ehre erweist" die Sachen vorbeizubringen. Ich habe dann mein Warenhaus zu Hause und kann in Ruhe ohne Kosten und Mühe für die Fahrt in die City, die Parkplatzsuche und das Gedränge anprobieren und auswählen. Diese Streicheleinheiten für das Selbstwertgefühl der Konsumenten sind der Grundpfeiler für den Erfolg des Versandhandels.

Die Tricks der Branche

Dieses Framing kann durch ein spezielles Tuning noch verfeinert werden: Man schickt dem Kunden, der sich zuvor brav mit seinen Daten registriert hat, wohldosiert, aber bestimmt Newsletter und Gutscheine und weist ihn auf Rabattaktionen hin. Egal ob ein Preis vielleicht zuvor entsprechend erhöht wurde – Hauptsache, es gibt einen Nachlass und das Gefühl für den Kunden, erfolgreich dem Anbieter ein paar Euro abgeluchst zu haben. Häufig gerät durch dieses positive Gefühl ein Preisvergleich in den Hintergrund.

Ein anderer Trick läuft über (künstliche) Verknappung: Es gibt nur noch wenige Exemplare der gewünschten Ware und/oder die Ware ist nur noch bis zu einem bestimmten Zeitpunkt verfügbar bzw. nur solange der Vorrat reicht. Das nährt die Angst, etwas zu verpassen. Dabei wird der Kunde natürlich im Unklaren gelassen, wie groß der Vorrat wirklich ist. Rabattaktionen sind zeitlich befristet und/oder an eine Mindestabnahmesumme gekoppelt. Mit diversen Variationen: Mal entfallen Versandkosten, dann gibt es Prozente auf alle Artikel oder nur auf den teuersten/billigsten bzw. der Nachlass besteht aus einem festen Euro-Betrag. Der Kundenbindung dient ein Gutschein, der für den nächsten Einkauf in Aussicht gestellt wird und auch erst dann eingelöst werden kann.

Operieren mit Emotionen

Schon vor Jahrzehnten wurde der Hausfrau ein „schlechtes Gewissen" eingeredet, wenn sie auf einen Weichspüler verzichtet und die Wäsche von ihrer Familie als kratzig empfunden wird. Angst vor Versagen oder Ausgrenzung und das Suggerieren von Schuldgefühlen sind dabei probate Mittel. Das geht natürlich auch andersherum: Durch das Verwenden eines bestimmten Produkts fühle ich mich wertgeschätzt, anerkannt, kann ich meine Probleme lösen oder der Umwelt etwas Gutes tun. Apropos Umwelt ...

Greenwashing

Neuster Trend: Verwendung von braunem Papier mit grüner Schrift als vermeintliche Umweltverpackung, der Hinweis auf Recycling, das Spielen mit Begriffen wie Kinder, Zukunft,

Natur. Das sogenannte „Greenwashing“ greift rasend schnell um sich. Und der „naive“ Kunde begnügt sich mit dem äußeren Schein und hinterfragt nicht, wie viel Umweltverantwortung bei den Unternehmen wirklich zu finden ist.

Scheinbarer Expertenstatus

Bis heute aktuell: die Werbung mit dem „Experten“. Von Klementine über den Waschmaschinenhersteller, der wusste, „was Frauen wünschen“, bis zu den Damen und Herren im weißen Kittel wissen alle, was gut für mich ist. Auch Prominente sind hervorragende Werbe-Botschafter. Ja, wenn *die* das Produkt empfehlen, muss es ja gut sein, soll man denken und – kaufen. Das rationale Denken, dass dies für die genannten Personen nur ein meist gut bezahlter Nebenjob ist, bleibt außen vor.

Die Psychologie der Werbung

Zum Framen sind auch eingängige Logos oder Slogans wichtig. Oder auch die Verwendung von Kunstwörtern. Fahrzeuge mit dem Stern, dem Blitz oder der Raute haben einen hohen Wiedererkennungswert. Zudem tragen sie zur Markenbindung des Kunden bei. Geframt wird hier vorzugsweise in Englisch mit dem Hintergrund, dass Anglizismen jedweder Art besonders bei jüngeren Zielgruppen hoch im Kurs stehen. Es ist zum Hinterfragen und Selbst-Sensibilisieren interessant, bei Werbespots zu verfolgen, welche Waren beworben werden, wie oft Experten auftreten, welche Slogans gepostet werden und wie lang so ein Spot in der Regel ist. Man geht von einer Aufmerksamkeitsspanne von maximal 30 Sekunden aus. In dieser Zeit muss die Botschaft transportiert sein. Selten sind es Fakten, meist Emotionen, die mit unterstützenden Bildern und entsprechender Musik ergänzt werden. Auch die Stimmen der Sprechenden werden bewusst nach der erforderlichen Sanftheit oder dem Nachdruck ausgewählt. Dies alles basiert auf der ökonomischen Annahme, dass Konsum gut für das Wirtschaftswachstum und den Wohlstand ist. Werbung auf allen möglichen Kanälen – insbesondere eingestreut auf Websites und Apps – ist ökonomisches Framing. Dies gilt auch wieder stark zielgruppenorientiert für die diversen Blogs, auf denen nette Leute scheinbar nur locker aus ihrem Leben und Alltag plaudern oder, weil sie so selbstlos sind, wichtige Tipps und Produktempfehlungen weitergeben.

Framing ist ein wichtiges Werkzeug in Verkaufs- oder Verhandlungssituationen. Doch hier ist Vorsicht geboten: Das Wecken von Emotionen, eine scheinbar unanfechtbare Expertenmeinung oder psychologische Beeinflussung gehören zu den Tricks der Branche.

4.2 Unternehmen

Selbstverständlich ist auch ein Unternehmen nicht frei von Framing. Das beginnt mit dem formalen Framing durch Stellen- und Aufgabenbeschreibungen, Arbeitsordnungen und Arbeitszeitmodelle. Hinzu kommt der Einsatz bestimmter vereinbarter Methoden, wie z. B. Management durch

Objectives, KPI oder OKR. Als besonders wichtig habe ich Sinn und Orientierung für die Mitarbeitenden erlebt. Es gilt also, Leitplanken zu setzen und Rahmenbedingungen festzulegen. Mitarbeitende müssen die Werte, Regeln und Ziele des Unternehmens und der Führung kennen.

Es sollte ferner transparent sein:
- für welchen Content und Purpose Unternehmen, die Führung und die eigene Aufgabenauffassung stehen
- welchen Gestaltungs- und Entscheidungsspielraum es gibt
- ob das Handlungsquadrat (s. S. 43) umgesetzt wird
- ob Raum für Kreativität und Innovation zur Verfügung steht
- dass in Bedingungen (Es geht, wenn ...) statt in Begründungen (Es geht nicht, weil ...) gedacht wird

Insbesondere die Einstellung der Mitarbeitenden wird in diesen Tagen hinterfragt. Sind alle richtig „geframed"?

Das Mindset

Bei manchen ist der Begriff Mindset in Verruf geraten, vermutete man doch gleich so etwas wie eine „Gehirnwäsche" bei den Mitarbeitenden und solche mit dem „falschen" Mindset wurden schnell in die Ecke gestellt. Gerade im agilen Kontext hat das Mindset aber eine große Bedeutung, weil hier eine andere Einstellung zu den Dingen gefordert wird. Neugier statt Angst, Chance statt Risiko, ausprobieren statt abwarten, selbst organisieren statt fremdsteuern lassen. Und es hat etwas mit dem Selbstbild der Mitarbeitenden zu tun. Es ist statisch (Fixed Mindset) oder dynamisch (Growth Mindset).

Dazu folgendes Beispiel. Ein Elefant wird am Hinterbein von klein auf mit einem Seil an einem Pflock festgebunden, damit er nicht weglaufen kann. Als großes, starkes Tier könnte er später eigentlich einen Baum ausreißen, bleibt aber angebunden mit dem einfachen Seil an seinem Platz, weil er ja gelernt hatte, dass er dadurch nicht weglaufen kann. Wie viele dieser Elefanten haben Sie in Ihrer Organisation?*

Mimimi

Auch die Tendenz zum Jammern beschäftigt Unternehmen. Anerkennung ist wichtig, darf aber nicht zum Selbstzweck werden. Mitarbeitende, die eher die Probleme sehen als die Lösungen, bremsen den Prozess. Führung muss daher die richtige Balance zwischen Wertschätzung einerseits und Wertschöpfung andererseits finden.

Erfolg ist der größte Motivator

Vergessen Sie die üblichen Anreizsysteme oder gestelztes Lob als tägliche Pflichtübung. Wesentlich für das Wollen der Mitarbeitenden sind das Vermeiden von Demotivation und das Ermöglichen von Erfolg. Vertrauen Sie Ihrem Team? Oder haben Sie noch die üblichen Kontrollmechanismen installiert? Die beginnen bei der minutiösen Zeiterfassung und enden bei der Einmischung als „Edelsachbearbeiter“ oder der Auffassung, dass man selbst es doch immer am besten macht. „Vertrauen führt“ heißt der Titel eines viel beachteten Buchs von Dr. Reinhard Sprenger (2012). Er stellt die Leser vor die Frage, ob sie das „Risiko“ einer Vertrauenskultur eingehen wollen, um nicht nur Vorgesetzter, son-

* Greßer/Freisler (2020), Ready for Transformation, S. 79

dern Führungskraft zu sein. Das große Manko in Unternehmen ist bis heute, dass wir der Belegschaft grundsätzlich erst einmal misstrauen, sie nur über das Nötigste informieren, Ziele und Wege schwammig formulieren und uns intensiv mit Fehlern und der Suche nach dem Schuldigen beschäftigen können, statt die Problembewältigung in den Mittelpunkt zu stellen. Dabei haben wir nie die Zeit, es gleich richtig zu machen, aber hinterher die Zeit für doppelte Arbeit und Korrekturen. Sind Führungskräfte aber so nicht nur Verwalter des „Status quo"? Wie könnten sie wichtige Bausteine für die Entwicklung des Unternehmens sein und somit zu einer erfolgreichen Ausrichtung auf die Zukunft beitragen?

Elemente der Führungskommunikation sind:

1. Klarheit über Werte und Verhaltensweisen (Was ist uns in der Zusammenarbeit wichtig? Wie wollen wir miteinander umgehen?)
2. „Spielregeln" sowie Ziele gemeinsam entwickeln und abstimmen
3. Regelmäßiges Teammeeting (moderiert)
4. Tagesaktuelles Briefing (z. B. zu Arbeitsbeginn)
5. Wissen und Informationen transparent halten
6. Vertrauen in die Fähigkeiten und Interesse für die Aufgaben/Ergebnisse der Mitarbeitenden
7. Der richtige Mitarbeitende am passenden Platz
8. Fördern und fordern
9. Mitarbeitende individuell ansprechen, unterstützen und Demotivation vermeiden

Framing findet sich im Unternehmenskontext in vielen Bereichen: vom Recruiting über die Zielvereinbarung, Stellen- und Aufgabendefinition bis zur Führungskommunikation.

4.3 Persönlichkeit

Dass wir Menschen von Geburt an verschiedensten Entwicklungsprozessen mit Prägung und Beeinflussung ausgesetzt sind, habe ich schon ausgeführt. Was macht das aber mit uns? Wie wird dadurch unsere Persönlichkeit gestaltet? Ist alles vorgegeben oder können wir selbst Einfluss nehmen, wie unser Charakter, unser Ich, unsere Identität, also wir als Person, sich entwickeln und wahrgenommen werden?

Mit Herz und Bauchgefühl

An erster Stelle steht mein Selbstwert und das damit verbundene Selbstwertgefühl. Ich bin einzigartig. Ein Unikat. Das gilt selbst für eineiige Zwillinge. Ich bin geliebt. Ich habe eine Aufgabe in dieser Welt. Ich bin nicht Selbstzweck, sondern vernetzt mit anderen Geschöpfen. Daher definiere ich mich als „Ich“ in der Wechselbeziehung mit dem „Du“. Mein persönliches Framing ergibt sich daher aus meinen Werten, meinen Normen und Regeln, meiner Wirklichkeit, Wahrheit und Meinung. In der Literatur wird oft der Begriff Herz verwendet. „Man sieht nur mit dem Herzen gut“, gibt uns der Kleine Prinz mit auf den Weg. Man soll – nicht nur in Liebesdingen – auf sein Herz hören. Entscheidungen treffen wir aber eher aus dem Bauch heraus. Unser (Bauch-)Gefühl ist ein Indikator für richtig oder falsch. Wir können dazu auch auf die „innere Stimme“ oder das Gewissen hören. Somit verfügen wir sehr wohl über einen Prüf- und Steuerungsmechanismus für unser Denken, Reden und Handeln.

Selbstreflexion

Als Gehirnbenutzer darf ich selbst denken und mir aufgrund der von mir beschafften und reflektierten Informationen ein Bild machen. Ich handle nicht nach dem Motto „Warum soll ich denken, ich habe doch eine Meinung“. Mein Denken wird nicht an Smartphone & Co. ausgelagert. Textbasierte Dialogsysteme wie ChatGPT nehmen uns das Verfassen von Texten ab, stellen Schulen und Hochschulen vor Bewertungsprobleme und sind noch dazu lernfähig. Doch Vorsicht, nicht jeder Trend ist auch sinnvoll. Die Maxime, meine Ziele und meinen Nutzen erreichen zu wollen, sollte immer das Korrektiv des Nutzens für die anderen und deren Unversehrtheit beinhalten. Ansonsten besteht die Gefahr pathogener Abweichung als Egoist, Egomane, Narzisst oder Soziopath. Vertrauen wir dabei uns selbst (dass wir nicht zu kurz kommen) und vertrauen wir den anderen (dass uns nicht alle permanent über den Tisch ziehen wollen)? Fehlt uns das Selbstvertrauen, landen wir womöglich beim Frame „des „Minderwertigkeitskomplexes“ oder des „Losers“ oder – gern in sozialen Netzwerken genommen – des „Opfers“.

Negatives Framing

Auch Mobbing ist eine böswillige Spielart des Framings. Dies gilt für Unternehmen genauso wie für das private Umfeld. Stereotype und Vorurteile dienen hier oft als „Brandbeschleuniger". Schnell sind wir in der Schublade oder wir packen andere da hinein. Ursache ist die Xenophobie – die Angst vor dem Fremden, Ungewohnten. Im Zusammenhang damit steht, ob etwas oder jemand in unseren Frame passt. Die Transaktionsanalyse (vgl. Eric Berne, 2012) beschreibt eine gelungene Beziehung gemäß der Definition „ich bin okay – du bist okay". Dahingegen sind alle Abweichungen wie „ich bin okay – du bist nicht okay" oder „ich bin nicht okay – du bist okay" problembehaftet und konfliktträchtig. Wäre es da nicht schön, wenn der oder die andere so wäre wie wir?! Viele, die jahrelang an Freunden, Lebenspartnern, Kolleginnen „herumerziehen", werden sich die Zähne ausbeißen. Und zwar immer dann, wenn man sich „auf Augenhöhe" begegnen will und nicht auf Unterdrückung oder die Strategie „Macht ist geil" setzt.

Ohne moralischen Zeigefinger folgen nun einige **kurze Impulse**, wie Sie es anders und vielleicht besser machen könnten.

- Ich schaue auf mich – auf meine „unique living points" – und vertraue mir.
- Ich bin einzigartig, wertvoll und geliebt.
- Mein Wert besteht abseits von Klicks und Followern.
- Ich muss nicht „mainstream-like" oder „instagramable" sein.
- Ich nehme andere so, wie sie sind.
- Ich schaue auf das, was uns verbindet.
- Ich sehe andere als Ergänzung.
- Ich lasse mich auf Vertrauen ein.

- Ich lasse andere aus den Schubladen auch wieder heraus.
- Ich denke auch mal „out of the box“.
- Ich bin bereit, mich anzupassen und auch neue Wege zu entdecken.
- Ich lasse andere Meinungen zu und gestatte mir Perspektivwechsel.
- Ich beschaffe mir selbst die Informationen und mache meine eigenen Erfahrungen.
- Ich hinterfrage meine Meinung und meine Erfahrungen.
- Ich achte auf den „inneren Schweinehund“ und lasse mich von ihm nicht austricksen.
- Ich sehe das Glas lieber halb voll. Schwarzmalerei ist nicht mein Ding.
- Ich bin ein Gehirnbenutzer und denke selbst.

Darüber hinaus habe ich für Sie eine **Checkliste** zusammengestellt, mit der Sie in der Lage sind, einige Bereiche des Framings zu **reflektieren** und bewusster damit umzugehen:
- Welche Werte und Regeln sind mir wichtig?
- Welche Bedürfnisse haben einen hohen Stellenwert (Sicherheit, Anerkennung, Wertschätzung etc.)?
- Was sind meine Antreiber (siehe Kap. 3.3)?
- Was sind meine Erlauber?
- Welche Ziele habe ich (für die Woche, den Monat, das Jahr)?
- Was will ich in 3, 5, 10 Jahren erreicht haben?
- Wie sieht meine Tagesstruktur aus?
- Was mache ich gern/ungern (Beruf/Freizeit)?
- Was sind meine Gaben und Fähigkeiten?
- Was schätzen andere an mir?

- Was kann ich nicht leiden? – Warum?
- Welche Personen sind mir unsympathisch? – Warum?
- Was sind meine stärksten Emotionen?
- Warum kaufe ich etwas? – Was sind meine Motive?
- Welche Medien nutze ich? Warum gerade diese?

Ob wir wollen oder nicht: Framing prägt unsere Persönlichkeit. Es kann zu einem schwachen oder gesteigerten Selbstwertgefühl beitragen. Selbstreflexion unterstützt dabei, die Balance zu wahren.

4.4 Anwendungsbeispiele

Es folgen einige praktische Anwendungsbeispiele aus meiner beruflichen Erfahrung. Dabei sind manche universell, andere speziell im Unternehmen einsetzbar.

Anpassung und Veränderung

Der Mensch ist ein Gewohnheitstier. Dieser Spruch ist allgemein bekannt und ein treffliches Alibi, sich nicht bewegen oder irgendetwas verändern zu müssen. Unser Gehirn hat aufgrund von Lernerfahrungen – vor allem in den ersten Lebensjahren – bestimmte Verhaltensmuster ausgeprägt. Und diese neurologischen Trampelpfade nutzen wir tagtäglich und wollen sie auch ohne Not nicht verlassen. Dabei motivieren uns Anreize und schrecken uns Unbequemlichkeiten oder gar Ängste ab. Der sogenannte „innere Schweinehund“ meldet sich dann auch schnell zu Wort und führt uns die Vorteile des bisherigen und die Nachteile eines etwaigen neuen Verhaltens vor Augen. Und nach „objektivem“ Abwägen bleiben wir da, wo wir sind, und bei dem, was immer schon galt.

Neue Gewohnheiten etablieren

Aber wie ist das bei nachhaltiger Herausforderung (das Rauchen abgewöhnen, eine Diät machen, mehr Sport treiben etc.)? Jetzt gilt es, **etwas zu verlernen** bzw. etwas **anderes neu zu lernen**. Altes Verhalten soll durch eine neue Programmierung überschrieben werden.

Es beginnt ein Prozess:

- **Die Bewertung der Herausforderung**. Ist wirklich eine Anpassung nötig oder kann ich das vielleicht doch mit den bisherigen Werkzeugen, Methoden und Verhaltensweisen bewältigen?
- **Die Definition eines neuen Ziels.** Was ist das neue Ziel? Was ist die neue Vorgehens- oder Verhaltensweise?
- **Die Entscheidung für ein neues Ziel.** Eine klare Absicht, sich auf den Weg machen zu wollen.
- **Schritt für Schritt durch neues Terrain.** Das richtige Tempo finden: zu schnell kann zum Sturz führen, zu langsam lässt den Prozess stocken oder scheitern.
- **Wissen, dass es mühsam sein wird.** Es wird definitiv Rückschläge geben auf dem Weg. Vielleicht müssen wir nachjustieren, die Landkarte tauschen, die Ausrüstung ergänzen.
- **Dranbleiben.** Der „innere Schweinehund“ wird uns bei jedem Stolperstein, jedem Problemchen einflüstern:

„Siehste! Es geht nicht. Habe ich dir doch gleich gesagt. Lieber wieder den alten Pfad gehen. Da kennst du dich aus." Schicken Sie ihn weg.

- **Ziel erreichen und freuen.** Ein inneres Fest mit Glückshormonen feiern, weil das Ziel erreicht wurde, sich auf die Schulter klopfen, sich belohnen.
- **Wiederholen, wiederholen, wiederholen.** Ziel einmal erreicht, Spannung lässt nach. Der „innere Schweinehund" wittert seine Chance: „Okay. Das hat geklappt. Aber das war bestimmt nur eine Ausnahme. Auf die Dauer ist das zu mühsam, zu aufwendig, zu teuer. Lass es lieber. Früher war doch besser." Nicht drauf hören. Stattdessen: Gleich noch einmal den Weg gehen. Und noch einmal ...

Wiederholung ist unumgänglich

Bis zur neurologischen Verankerung eines neuen Verhaltens braucht das Gehirn eine Reihe von Wiederholungen, bis es versteht: „Aha. Diese neue Verhaltensweise ist meinem Gehirnbesitzer wichtig. Also merken." Diese Manifestation funktioniert umso besser, wenn sie nicht nur von Erkenntnis und Notwendigkeit geprägt ist, sondern in der Verbindung von linker und rechter Hirnhälfte mit positiven Gefühlen (Erfolg), schönen Bildern (Party, Belohnung, Siegerpodest) und Erfahrungen (ich habe es geschafft) verknüpft wird.

> *„Schlechte Gewohnheiten sind wie ein bequemes Bett – man kommt leicht hinein und nur schwer wieder heraus!"*
>
> *Sean Covey*

Widerständen widerstehen

Auf ausgetretenen, gewohnten Wegen zu gehen, ist also deutlich einfacher, als neues Terrain zu erobern. Bei kleinen Änderungen mag es noch gehen. Wobei selbst bei der seit Jahren geübten zweimaligen Zeitumstellung pro Jahr immer noch viele Menschen Anpassungsprobleme haben. Aber je größer die Veränderung, je umfassender unsere bisherige Ordnung infrage gestellt wird, desto mehr Widerstand gibt es in uns selbst und von anderen Betroffenen. Die beliebten Sprüche kennen Sie doch: „Das war doch immer so. Warum sollen wir das ändern?" Nun schauen wir einmal, welche Schritte uns bei Veränderungen zugemutet werden.

Prozessstufen der Anpassung

1. Die **Herausforderung** kommt. Und schon passiert etwas Entscheidendes: die Bewertung. Unser Gehirn prüft, ob es so etwas schon einmal gab, ruft Informationen und Erfahrungen ab und gibt uns u. U. am Ende Hinweise, wie wir in der Vergangenheit eine solche Situation bewältigt haben. Je nach Bewertung empfinden wir dann Neugier, Motivation, Tatendrang oder Unsicherheit, Angst, Ratlosigkeit wegen schlechten oder gar keinen Erfahrungen.
2. Wir **ärgern** uns über diese Störung unseres alltäglichen Ablaufs oder **leugnen**, dass da überhaupt etwas Neues kommt (Stichwort Klimakrise).
3. Da die Herausforderung bleibt, wird die Wut nun abgelöst durch **Unsicherheit und Angst** sowie den **Mangel an Orientierung**. Sozusagen der Tiefpunkt der Veränderung.

4. Dem Frust folgt nun langsam die **Einsicht**, dass es ist, wie es ist. Sich die Hände vor die Augen halten und hoffen, dass man nicht gesehen wird, hilft nicht. Auch nicht die coolen Sprüche. Und es kommt die Frage auf: Was könnte man nun tun?
5. Verschiedene Strategien werden ausprobiert. Einige werden nicht greifen. Es ist eine **Schwebephase** zwischen Versuch und Irrtum, Fortschritt und Rückschritt. Diese Phase ist besonders kritisch, weil fehlender Erfolg den Rückfall in Stufe 3 nach sich ziehen kann. Der Frust „Das bringt doch nichts" und die Resignation „Da kann man eben nichts dran machen!" unterbinden Aktivität und sind verantwortlich für das Scheitern guter Ansätze, ja ganzer Projekte.
6. Nun brauchen wir die Erkenntnis, dass das Wasserglas ja auch halb voll ist, oder Menschen, die uns diese Perspektive aufzeigen. Dann wachsen **Mut** und die **Bereitschaft**, **potenzielle Chancen** im aktuellen Prozess zu **erkennen**. Das kann viel Geduld erfordern.
7. Vom Chancen Erkennen geht es nun zum **Chancen Ergreifen**. Vielleicht hat sich eine neue Sichtweise manifestiert oder eine alternative Strategie war erfolgreich. Anstrengung hat sich gelohnt. Geduld und Hartnäckigkeit auch. Werkzeuge, Methoden und neue Arbeitsweisen haben sich bewährt und werden integriert. Ein **neuer Standard**, der wieder **Sicherheit und Orientierung** gibt, ist entstanden.

Es braucht allerdings einen ständigen Prozess der erneuten „Neurokonnektion", um nachhaltig eine andere Einstellung, andere Verhaltensweisen und neue Muster zu verfestigen. Wenn die Diät oder der Vorsatz, mehr Sport zu treiben, nach kurzer Zeit wieder im Sande verläuft, so liegt das daran, dass die neuen Verknüpfungen noch nicht stabil genug waren. Der oft an Schüler und Auszubildende gerichtete Satz „Übung macht den Meister" hat seine Berechtigung. Studien belegen, dass erst nach rund 30 Tagen regelmäßiger Anwendung eine neue, nachhaltige „synaptische Bahn" entstanden ist. Veränderungsprozesse lassen sich nicht mit einem Fingerschnippen abarbeiten. Sie brauchen neben der Strategie, den Ownern und Stakeholdern auch genügend Support und Geduld.

> *„Die reinste Form des Wahnsinns ist es, alles beim Alten zu lassen und gleichzeitig zu hoffen, dass sich etwas ändert."*
>
> *Albert Einstein*

Themen und Ziele

Bei zahlreichen Einsätzen als Moderator konnte ich immer wieder feststellen, dass bei Themen oder der Agenda ein unterschiedliches Verständnis und verschiedene Vorstellungen von der Aufgabe festzustellen waren. Ohne Klärung und Konsens ist aber ein erfolgreiches Arbeiten nicht möglich. Bei den Zielen ist es nicht anders. „Wischiwaschi"-Beschreibungen funktionieren nicht. Sie kennen vermutlich die SMART-Formel: **s**pezifisch-**m**essbar-**a**nspruchsvoll-**r**ealistisch-**t**erminiert. Ich habe sie noch um ein weiteres „A" ergänzt: für **a**bgestimmt und **a**kzeptiert.

Denn nur wenn die Akzeptanz gegeben ist, rudern auch alle in die gleiche Richtung. Wichtig ist außerdem, die Rahmenbedingungen festzulegen, also Ihr Projekt, Ihre Zielsetzung richtig und ausreichend zu framen. Klären Sie mit dem Auftraggeber und dem Team, ob:

- die Informationen vollständig sind
- alle den gleichen Informationsstand haben
- das Budget definiert ist
- die benötigten Ressourcen zur Verfügung stehen
- die Entscheidungswege festgelegt wurden
- ein realistischer Termin zur Fertigstellung/Umsetzung fixiert wurde (möglichst mit einem Meilensteinplan und entsprechenden Zwischenreviews)
- die Organisation/die Mitarbeitenden auf das Projekt/die Idee/das Konzept vorbereitet sind

Perspektivwechsel

Ein beliebtes Framing-Spiel ist die Frage, wer recht hat. Damit lässt sich viel Zeit verschwenden. Denn ein und dieselbe Situation kann aus verschiedenen Perspektiven höchst unterschiedlich gesehen, gedeutet, interpretiert werden.

Das Framing an dieser Stelle zu überwinden, bedeutet: nicht auf dem eigenen Standpunkt beharren, Zweifel an der eigenen Meinung zulassen, bereit sein, die eigene Position zu hinterfragen bzw. hinterfragen zu lassen, sich einmal in die Lage des anderen versetzen.

Oft mangelt es uns nicht an Information, sondern am guten Willen und der Einsicht, dass die eigene Meinung bzw. Perspektive nicht absolut ist und durchaus hinterfragt werden könnte.

Neugier und Nutzen

Kennen Sie Ihr „Reptiliengehirn“? Das ist ein Relikt aus grauer Vorzeit, das uns heute noch manches Problem bereiten kann. Für die damalige Zeit steuerte es nämlich zu unserem Besten das Framing zum Überleben und reduzierte den Entscheidungsspielraum bei der Begegnung mit einem Bären auf Kampf oder Flucht! Diese Verhaltensweise ist in unserem Stammhirn verankert geblieben, auch wenn uns heute Bären eher im Zoo oder als Weingummi in der Tüte begegnen.

Flucht- oder Kampfreaktion einplanen

Flucht oder Kampf lässt unseren Körper durch das Ausschütten von Adrenalin das Denken unterbrechen und Energie für „auf ihn mit Gebrüll“ oder „Beine in die Hand nehmen“ bereitstellen. Dieser Automatismus greift immer dann, wenn uns etwas Angst macht, neu oder ungewohnt ist, gefährlich erscheint usw. und das rationale Denken blockiert. Also wird der Chef oder Kollege, der unseren Vorschlag als unbequem, ungewohnt oder bedrohlich empfindet, flüchten:

- „Dafür habe ich jetzt keine Zeit.“
- „Darauf kommen wir später zurück.“
- „Schreiben Sie das mal auf.“

Oder kämpfen:

- „Das geht so nicht.“
- „Das gehört nicht zu Ihren Aufgaben.“
- „Es läuft doch alles.“

Doppel-N-Strategie

Wie kommen Sie aber dennoch zum Zug? Dazu benötigen wir die Strategie des „Doppel-N“. Erstens: **N wie Neugier!** Zweitens: **N wie Nutzen.** Wenn Sie mit Ihrem Vorschlag, Ihrer Idee nicht in die Blockade laufen wollen, überlegen Sie sich, was Ihr Gegenüber neugierig machen könnte. „Herr Meier, wie wäre es, wenn wir unser Prozessergebnis um 5 Prozent verbessern könnten?“ Auf die Frage: „Wie soll das gehen?“, können Sie nun Ihre Argumente, Zahlen und Fakten nennen. Das zeigt: Sie haben darüber nachgedacht, was für Ihr Gegenüber der Nutzen sein könnte (wie z. B. schnellerer Ablauf, weniger Aufwand, Kostenersparnis, Imagegewinn usw.). Damit ergibt sich die Chance, nun zu einem offenen und konstruktiven Dialog zu kommen. Überwinden Sie also das allseits beliebte „Begründungsdenken“ (Das geht nicht, weil ...) durch ein „Bedingungsdenken“ (Unter welchen Bedingungen, Voraussetzungen könnte es funktionieren? Was müssen wir dafür tun? Wollen wir es nicht einfach mal ausprobieren?).

Beobachten und Beschreiben

Unsere Wahrnehmung ist – so hatte ich schon ausgeführt – selektiv und individuell. Somit besteht immer die Gefahr, dass sie uns auf eine „falsche Fährte“ führt. In Verbindung mit Stereotypen und Vorurteilen packen wir Menschen dann schnell in eine bestimmte Schublade. Oftmals kommen sie dort nicht wieder heraus. Zwar erleichtert das Typisieren unserem Gehirn die Orientierungsarbeit, aber wir werden anderen nicht gerecht. Einige Hinweise aus der „systematischen Verhaltensbeobachtung“ können helfen, sorgsam mit der „Schublade“ umzugehen.

- Beobachten und Bewerten zeitlich voneinander trennen.
- Beobachtung beschreiben (was habe ich gesehen, gehört ... ohne Deutung oder Interpretation).
- Bestimmte Eigenschaften können alles andere überstrahlen – einseitige Wahrnehmung.
- Sympathische Menschen werden besser bewertet als solche, denen wir abgeneigt sind.
- Trennung von Person und Verhalten (nicht jemand ist so, sondern er hat sich so verhalten).
- Kontext und Situation einbeziehen.
- Wissen, dass der erste Eindruck prägt und der letzte Eindruck nachhallt.
- Nicht eigene Maßstäbe für alle als verbindlich ansehen.
- An Zahlen, Daten, Fakten (ZDF) orientieren.
- Vorsicht mit Generalisierungen wie immer, dauernd, nie.
- ICH-Botschaften statt DU-Botschaften verwenden.

Das 30-Sekunden-Statement

Wie schon beim Thema Werbung erwähnt, besteht die Kunst der gezielten Informationsübermittlung bzw. der Platzierung von Botschaften darin, kurz und knapp zu sein. Ein Framing von Zuhörern gelingt also nicht durch die ausführliche Darstellung von Details und überfrachtete Präsentations-Folien. Maximal 9 Informationen lassen sich zeitgleich auffassen. Und das in begrenzter Zeit. Die Werbung zieht die Grenze bei etwa einer halben Minute.

Zeit ist Geld

Kocht es in Ihnen auch schon mal hoch, wenn im Vordergrund des Vortrags die Selbstdarstellung steht, Sie doch aber eigentlich nur an den Fakten interessiert sind? Unternehmen verschwenden viel Zeit (und damit auch Geld) mit langweiligen und langwierigen Vorträgen und ineffektiven Meetings. Aber wie kann man das ändern? Appelle, sich kurzzufassen oder auf den Punkt zu kommen, verhallen oft ungehört oder werden gar als Beleidigung oder Missachtung aufgefasst. Schauen wir noch mal in die Werbung. Sie können gern mal die Zeit eines Werbespots abstoppen: In der Regel sind es maximal 30 Sekunden. Für langatmige Produkterläuterungen ist dort kein Platz, weil Sendezeit viel zu teuer ist. Die Ökonomie zwingt also zu kompakten Aussagen. Zudem sagt die Werbepsychologie, dass ohnehin nur wenige Informationen in kurzer Zeit wahrgenommen und gespeichert werden können. Der Rest verpufft als unnütze Redundanz.

Auf den Punkt bringen

Es hat also gleich doppelt Sinn, die eigene Botschaft im Sinne des „Elevator Pitch“ zu komprimieren. Haben Sie alles schon gehört? Klar, ist ja auch nicht neu. Aber halten Sie sich auch dran? Sind Ihre Vorträge, Präsentationen, Meeting-Beiträge zuhörerfreundlich und auf den Punkt ausgerichtet? Oft meinen wir es ja gut mit noch einem Bulletpoint mehr und noch einer Erläuterung. Flugs haben wir 20 oder 30 Folien zusammen und suggerieren uns selbst, dass es darunter nicht geht, die anderen das Thema/Problem ansonsten nicht verstehen würden. Um nicht vom berühmten

„Hölzchen aufs Stöckchen“ zu kommen, bedarf es zweifacher Disziplin.

Vorbereitung und Fokussierung

Zum einen nehmen Sie sich die Zeit, Ihr 30-Sekunden-Statement gut vorzubereiten. Testen Sie einmal, wie lang Ihr Statement geworden ist. Sind Sie im Limit geblieben? Zum anderen halten Sie sich auch beim Vortrag an diese Disziplin. Schweifen Sie nicht ab. Lesen Sie nicht Ihre Folien vor, sondern geben Sie mit Ihrem Statement zusätzliche Erläuterungen. Dazu gehört auch, dass Ihre Folien diszipliniert gestaltet sind. Enge Textzeilen, eine Fülle von Zahlenkolonnen sind absolut unsinnig. Pitchen Sie, statt zu schwafeln. Schalten Sie den Spot an, statt mit Streulicht zu operieren. Das bringt Ihnen schließlich den Ruf ein, die Dinge mit einer guten Auffassungsgabe schnell zu durchschauen und auf den Punkt bringen zu können.

Das 30-Sekunden-Statement vorbereiten

- Wer sind meine Zuhörer?
- Was wissen diese schon (muss ich also nicht erwähnen)? Was ist neu?
- Was interessiert sie? Welche Information, welchen Nutzen erwarten sie?
- Was ist der Fokus, der Brennpunkt meines Statements?
- Mein Ablauf: Aufmerksamkeit wecken → Thema nennen → Fakt 1, Fakt 2, Fakt 3 … → Konsequenz → Handlungsaufforderung/Fazit

- Ein Satz, ein Stichwort, eine Aufforderung – etwas mit „Hafteffekt“ zum Abschluss
- Sie haben sich überlegt, welche Fragen wohl kommen könnten. Ihre Antworten sind deshalb punktgenau.

Informieren, überzeugen, überreden

Durch Sprache Einfluss ausüben ist ein uraltes Thema, das schon den antiken Rednern in Rom oder Athen am Herzen lag. Die Kommunikationspsychologie hat in vielen Studien die wesentlichen Elemente erfolgreicher Informationsübermittlung und Verständigung untersucht. In diesem Zusammenhang sei der „Klassiker“ von Rupert Lay aus dem Jahre 1979 erwähnt: „Manipulation durch die Sprache“. Die Sprache gehört zu den wichtigsten Werkzeugen des Framings. Ich konzentriere mich nachfolgend auf die drei wesentlichen Formen der Beeinflussung.

Information

Beim **Informieren** wollen Sie den Wissens- und Kenntnisstand des Zuhörers anreichern und auf ein höheres Level bringen. Dazu können Sie die „Funnel-Strategie“ nutzen. Beim Informieren haben Sie einen umgekehrten Trichter als Bild. An der Spitze steht die wichtigste Aussage, die wichtigste These, das wichtigste Argument. Im Laufe des Kommunikationsprozesses reichern Sie diesen „single point of information“ weiter an und unterstützen Ihre Kernaussage mit Erläuterungen und Details.

Überzeugung

Beim **Überzeugen** wählen Sie den klassischen Trichter. Sie haben sich im Vorfeld gut über die Zuhörenden informiert. Sie kennen deren Werte, Erwartungen, Interessen und Bedürfnisse. Sie überlegen sich einen attraktiven Einstieg (ein Bonmot/Zitat, eine kleine Story/Erfahrung aus Ihrem Leben). Finden Sie vor allem den Anknüpfungspunkt in der Wirklichkeit des Publikums. Hängen die Zuhörer an Ihren Lippen, dann verdichten Sie Ihre Botschaft auf den einen entscheidenden Plot oder Zielsatz. Das kann auch ein Statement, eine Aufforderung oder Aktion sein. Denken Sie an die AIDA-Formel der Werbung.*

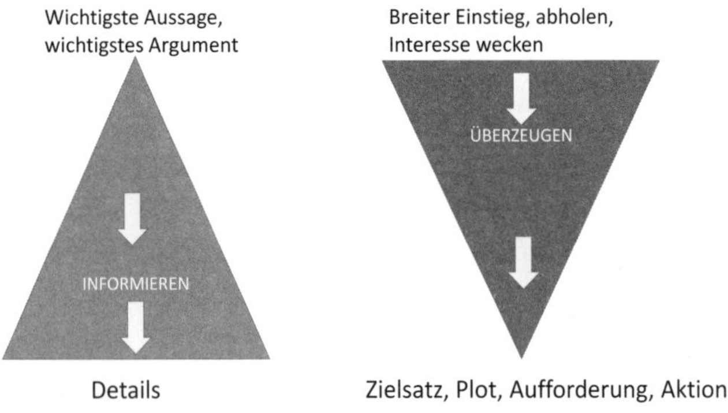

Abb. 6: Die Funnel-Strategie: Informieren/Überzeugen (in Anlehnung an Dr. Stefan Wachtel, 2020)

* siehe auch Stefan Wachtel (2020): Das Zielsatz-Prinzip

Überredung

Beim deutlich weniger seriösen Überreden steht nicht der Sachinhalt im Vordergrund, sondern die Zielsetzung und Intention des Autors. Es kommt auch nicht auf den Wahrheitsgehalt der Aussagen an. Es kann mit unbewiesenen Behauptungen oder Teilinformationen operiert und die eigene Wahrnehmung oder Meinung transportiert werden. Dies verbindet der Autor nun geschickt mit Emotionen, die beim Adressaten bestimmte Assoziationen aufgrund seiner Erinnerung und Erfahrung auslösen. Er wird angetriggert. Dabei kann auch mit Neugier gearbeitet werden. Andere Elemente sind Angst, Sicherheit, Vorsicht, Wertschätzung, Anerkennung oder auch Abenteuerlust. Die Rhetorik hält dafür ein breites Spektrum an Instrumenten bereit, wie z. B. die Suggestivfrage oder die Alternativfrage. Entscheidend ist der Appell, auf den alles hinausläuft (Folge mir!) und die finale Zustimmung der Angesprochenen.

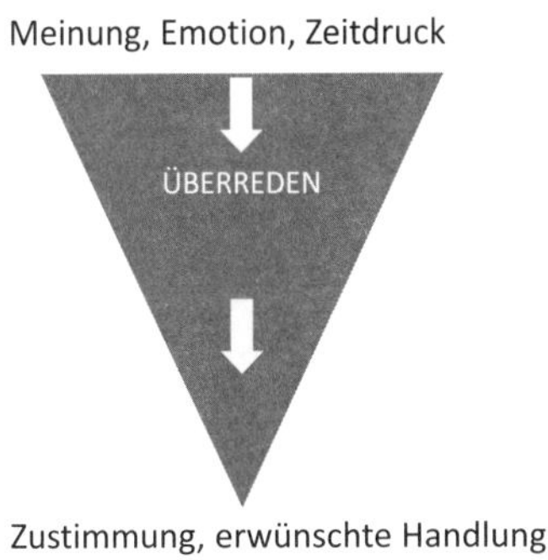

Abb. 7: Die Funnel-Strategie: Überreden (in Anlehnung an Dr. Stefan Wachtel, 2020)

Hintergrund ist die Erkenntnis aller Kommunikationsmodelle, dass nur ein geringer Teil die Sachebene betrifft (ca. 25 %), das Gros aber von Selbstdarstellung, Beziehungsdefinition, Aufforderungen, Assoziationen, Erfahrungen und Emotionen geprägt wird.

Fragen und Phrasen

Grundsätzlich gilt, dass ein Fragenstellender das Gespräch führt, steuert und die Fäden in der Hand hält. **Wer fragt, framed!** Eine ausführliche Liste mit konstruktiven Fragen für das Gespräch finden Sie auf meiner Homepage (s. S. 94) zum Download. Fragen mit Einflusspotenzial sind:

Geschlossene Frage

- Wird mit Ja oder Nein beantwortet.
- Beispiel: *„Hatten Sie einen schönen Urlaub?"*

Offene Frage

- Kann nicht mit Ja oder Nein beantwortet werden.
- Zielt auf Informationen.
- Beispiel: *„Was haben Sie im Urlaub gemacht?"*

Alternativfrage

- Verwendet die Formulierung „entweder – oder".
- Zielt auf eine Entscheidung zwischen zwei Möglichkeiten.
- Rhetorisch wichtig für Verhandlungen: Wenn der Fragensteller zwei für ihn akzeptable Alternativen formuliert, ist die Antwort in jedem Fall ein Erfolg.
- Beispiel: *„Wollen wir essen gehen oder ins Kino?"*

Gegenfrage

- Wehrt unangenehme Fragen ab, geht nicht darauf ein.
- Zielt auf das Zurückgewinnen der Gesprächsführung.
- Beispiel: *Kunde: „Was kostet die neue Maschine?" Verkäufer: „Welche Höhe hat denn Ihr Budget?"*

Kontrollfrage

- Stellt fest, ob das Gegenüber noch dem Gespräch folgt, ob Kenntnisstand, Argumentation, Gesprächsstand übereinstimmen, ob es noch (Verständnis-)Fragen gibt, ob eine Entscheidung getroffen werden kann.
- Ist Teil des „aktiven Zuhörens".
- Beispiel: *„Sind noch Fragen offen?" – „Können wir diesen Punkt abschließen?"*

Eigentlich gehört auch die **Suggestivfrage** in die Aufzählung mit hinein. „Sie sind doch sicherlich auch der Meinung, dass …" – „Sie wollen doch bestimmt nicht, dass …" Sie können diese Form der Manipulation aber auch zielorientiert in ein Gespräch einbringen, so wie Tim Taxis (2021) es beschreibt: „Darf ich gleich zum Punkt kommen?", fragt der Verkäufer den Kunden. Na, klar. Welcher Kunde möchte nicht auf lange Vorreden verzichten und sich lieber auf das Wesentliche konzentrieren.

W-Fragen stellen

Mit den bekannten „W-Fragen" können Sie die „Killerphrasen" Ihres Gesprächspartners kontern und von der emotionalen (Beziehung, Selbstdarstellung) zur Sachebene zurückkehren. Hier eine Auswahl solcher „Gesprächsmörder":

- Wir haben da so unsere Erfahrungen.
- Das ist neumodisches Zeug.
- Das haben wir noch nie so gemacht.
- Da fehlt Ihnen noch die nötige Erfahrung.
- Versuchen Sie das mal mit unseren Mitarbeitenden.
- So, wie es ist, war es doch bisher gut.
- Das kostet viel zu viel Zeit, Aufwand, Ressourcen.
- Man muss ja nicht gleich alles nachmachen.
- Das müssen andere entscheiden.
- Wir haben genug anderes zu tun.
- Davon habe ich noch nichts gehört.
- Theoretisch klingt das ja gut, aber in der Praxis …

Framing ist nicht nur ein theoretisches Konzept, sondern im (Unternehmens-)Alltag allgegenwärtig.

- Es dient als wichtiges Werkzeug in Verkaufs- oder Verhandlungssituationen, doch bedient sich dabei auch psychologischer Tricks, die man sich vergegenwärtigen sollte.
- Im Unternehmenskontext zeigt sich Framing in vielen Bereichen: beim Recruiting ebenso wie bei Zielvereinbarungen, der Stellen- und Aufgabendefinition und in der Führung.
- Framing prägt unsere Persönlichkeit. Es kann zu einem minderen oder gesteigerten Selbstwertgefühl beitragen.
- Verschiedene Business-Strategien helfen uns dabei, die angestrebten Ergebnisse zu erreichen. Dazu gehören Anpassung und das Etablieren neuer Gewohnheiten nach Veränderungen, ein Perspektivwechsel, um andere Meinungen zu reflektieren, die Doppel-N-Strategie, die Neugier weckt und den Nutzen fokussiert.

5. Epilog

Eine Fülle von Informationen steht Ihnen nun zur Verfügung. Es liegt in Ihrer Verantwortung, was Sie daraus machen. Zum einen könnte es nützlich sein, Framingversuche von anderen rechtzeitig zu erkennen und zu hinterfragen. Auf der anderen Seite kann geschicktes Framing Sie beim Erreichen Ihrer Ziele unterstützen.

Meine Empfehlung: Prüfen Sie, ob und welchem Framing-Trend Sie folgen wollen. Gendern Sie, wo immer es geht? Stellen Sie Ihr komplettes Leben ins Netz? Kennt Ihre Toleranz keine Grenzen? Finden Sie für sich das rechte Maß. Hinterfragen Sie die Absichten anderer, aber auch Ihre eigenen.

Gehen Sie achtsam mit sich und anderen um. Schauen Sie besonders auf die manchmal fließende Grenze zwischen Einflussnahme und Manipulation. Schützen Sie Ihre Freiheit, aber beachten Sie auch die Ihrer Mitmenschen. Bei der Gestaltung Ihres persönlichen Rahmens und des Rahmens in Ihrer Organisation oder Ihrem Unternehmen wünsche ich Ihnen das richtige Gespür für „richtig“ und „falsch“, für „zu viel“ und „zu wenig“. Und mit einem Augenzwinkern gebe ich Ihnen abschließend noch mit auf den Weg:

„Jeder Jeck ist anders.“
Rheinische Weisheit

Viel Erfolg!

Fast Reader

1 Kommunikative Herausforderungen

Sprache ist seit Urzeiten das wichtigste Verständigungsmittel. Buchdruck, Telegrafie und Telefon haben sie revolutioniert. Und Smartphones, Apps und die Messengerdienste heben die Kommunikation noch einmal auf ein anderes Level.

Jeder kann somit jeden jederzeit informieren und/oder beeinflussen. Genau da setzt die Schar von Influencern (in diesem Kontext: „Framer") an und pusht die Selbstdarstellung oder bestimmte Produkte für die definierte Zielgruppe. Der Name verrät die Absicht: beeinflussen!

- Für eine Reihe von Anwendern spielt sich das Leben im Smartphone ab, verbunden mit einem gewissen Suchtpotenzial, immer erreichbar sein zu müssen bzw. persönliche Anerkennung und Wertschätzung aus der Anzahl von Likes oder Followern zu ziehen.
- Die neuen Medien sind ein Fundus für Vorbilder und Idole. Sie sind aktiv am Framing der Nutzer und der Gesellschaft beteiligt. Zielgruppe sind nicht nur die „Smartphone-Junkies" der jüngsten Generationen, sondern alle Teile der Gesellschaft.
- Das Metaversum wird eine weitere Dimension hinzufügen, die unser bisheriges Online-Verhalten komplett auf den Kopf stellt.

2 Freiheit und Selbstbestimmung

Framing kann als Eingriff in die persönliche Freiheit gewertet werden. Diese hört da auf, wo die Freiheit des anderen anfängt. Durch Lernen und Erziehung werden wir in einen persönlichen Rahmen gestellt, der mit Werten, Normen, Gesetzen und Regeln Orientierung und Sicherheit im gesellschaftlichen Verhalten geben will.

- Spielregeln helfen in der Zusammenarbeit und bei der Interaktion mit Kollegen, Mitarbeitenden oder Vorgesetzten.
- Wir alle erfüllen Rollen, in denen wir in unterschiedlichen Welten (organisationell, professionell, privat) agieren.
- Das Modell des Konstruktivismus beschreibt, dass wir uns unsere Wirklichkeit selbst konstruieren und uns dabei von Werten, Erwartungen, Interessen und Bedürfnissen leiten lassen. Aus individueller Wirklichkeit entsteht persönliche Wahrheit.
- Wir bilden uns immer – unter Umständen auch unabhängig von der Realität – eine eigene Meinung.

3 Framing

Framing lässt sich etwas ungelenk im Deutschen mit „Deutungsrahmen“ bezeichnen. Die Wurzeln für Framing sind tief und weitverzweigt. In fast allen Lebenssituationen findet Beeinflussung statt. Framing gibt den kommunizierten Inhalten und adressierten Verhaltensweisen einen bestimmten Rahmen, der sich bewusst gestalten und steuern lässt. Es

ergibt sich also ein Prozess, bei dem Themen, Inhalte und Ereignisse in ein Deutungsraster gesetzt und komplexe Informationen selektiert und strukturiert aufbereitet werden.

Es gibt verschiedene Formen des Framings:

- Unter **Basic Framing** fallen der erste Eindruck, die Deutung und das Abgrenzen von Themen und Inhalten.
- **Peer Framing** meint die Wechselwirkung von Gruppen Gleichaltriger und/oder Gleichgesinnter – von der Schulklasse bis zur Fankurve im Stadion.
- **Social Framing** basiert auf den verschiedenen Phasen der Sozialisation des Individuums bis zur Ausprägung der eigenen Persönlichkeit.
- Beim **Political Framing** geht es um die „Kunst" der Vermittlung von politischen Inhalten, insbesondere in Wahlkampagnen zur Erlangung politischer Funktionen oder Ämter.
- **Ökologisches Framing** hat sich im Zuge der Entwicklung von Umweltbewusstsein und Klimawandel entwickelt.
- **Ökonomisches Framing** betrachtet im weitesten Sinne Marketing und Werbung für Produkte und Dienstleistungen, das Markt-Placement und die Sales-Effects.
- Beim **Business Framing** stehen zusätzlich die Beziehungen der Menschen, ihre Interaktionen und die Wechselwirkungen mit der Organisation im Vordergrund.
- Zu den Werkzeugen des Framings gehören der bewusst erzielte Ersteindruck beim Gegenüber, das sogenannte **Priming**, und das **Setting**, das Setzen eines Gestaltungs- und Handlungsspielraums.

- Sprachlich orientierte Framing-Werkzeuge sind **Denotation**, **Konnotation**, **Semantik** und das **Narrativ**.
- Bei **Manipulation** geht es um bewusste Steuerung von Personen oder Prozessen in eine bestimmte Richtung durch das Triggern von Erfahrungen und Emotionen.

4 Die Anwendungsfelder

Framing ist nicht nur ein theoretisches Konzept, sondern im (Unternehmens-)Alltag allgegenwärtig.

- So dient es beispielsweise als wichtiges Werkzeug in Verkaufs- oder Verhandlungssituationen online wie offline und nutzt dabei psychologische Tricks, um Kunden zu binden.
- Im Unternehmenskontext kann Framing das Mindset der Mitarbeitenden beeinflussen und gilt als wichtiges Element in der Führungskommunikation.
- Framing prägt unsere Persönlichkeit und kann Einfluss nehmen auf unser Selbstwertgefühl – im Positiven wie im Negativen. Durch Framing können Anpassung und das Etablieren neuer Gewohnheiten nach Veränderungsprozessen erleichtert werden.

Der Autor

Jürgen Nowoczin war seit 1988 im Bereich Fortbildung, Organisations- und Personalentwicklung in verschiedenen (leitenden) Funktionen bei diversen Industrieunternehmen (u. a. Mannesmann, Siemens, Demag) tätig. Seit 2019 arbeitet er verstärkt als Vortragsredner und Coach. Er ist Gründer von now bildungsmanagement, einem Start-up für Training, Coaching und Beratung mittelständischer Unternehmen. Seit 1999 gibt er zudem als nebenberuflicher Lehrbeauftragter an verschiedenen Fachhochschulen seine Praxiserfahrung an Studierende weiter. Außerdem schreibt er Fachbücher und Artikel für Fachzeitschriften.

E-Mail: team@now-bildungsmanagement.de
www.now-bildungsmanagement.de

Literaturverzeichnis

Bargh, J. (2018): Vor dem Denken. München
Berne, E. (2012): Spiele der Erwachsenen. Reinbek
Callies, S. (2020): Deutungshoheit. Göttingen
Fenning, C. (2020): The First Minute. London
Fischer, D. (2022): Future Skills. Offenbach
Gerhards, S.; Baum, B. (2019): Wissensmanagement. München
Grabitzki, S. (2022): Mini-Handbuch. Impact-Techniken im Coaching. Weinheim
Greßer, K.; Freisler, R. (2020): Ready for Transformation. Bonn
Hawlitzek, J. (2020): Agiles Mindset. Offenbach
Hermann, S.; Ion, F. (2018): Typisch ich, typisch du. Offenbach
Krumm, R. (2018): Change Management von A bis Z. Offenbach
Lay, R. (1998): Manipulation durch die Sprache. Reinbek
Maehrlein, K. (2020): Wie Agilität gelingt. Offenbach
Naughton, C. (2022): AQ – Warum Anpassungsfähigkeit die wichtigste Zukunftskompetenz ist. Offenbach
Nickel, S. (2022): Knack den Change Code!. Offenbach
Nowoczin, J. (2020): 30 Minuten Kollegiale Beratung. Offenbach
Nowoczin, J. (2022): Herausforderungen meistern – mit Kreativität und Neugier Nutzen schaffen. In: Impulse für Adaptabilität. Offenbach
Nowoczin, J. (2023): Wie statt Was – Mit Methodenkompetenz Aufgaben effizient und erfolgreich managen. Wiesbaden
Oerter, R. (1978): Entwicklung und Sozialisation. Donauwörth
Oswald, M. (2019): Strategisches Framing. Wiesbaden
Pothé, N. (2019): Vom Mitarbeiter zum Mitgestalter. Offenbach
Pricken, M. (2019): Think Outside the Frame. Berlin
Pyczak, T. (2020): Tell me – Mit Storytelling überzeugen. Bonn
Scherer, H. (2022): Find your Frame. Offenbach
Scheufele, B. (2022): Priming. Baden-Baden
Schmid, B. (1990): Das Drei-Welten-Modell der Persönlichkeit. Wiesloch
Sprenger, R. K.; Plaßmann, T. (2011): Mythos Motivation. Frankfurt a. M.
Sprenger, R. K. (2007): Vertrauen führt. Frankfurt a. M.
Sprenger, R. K. (2018): Radikal Digital. München
Wachtel, S. (2020): Das Zielsatz-Prinzip. Frankfurt a. M.
Wachtel, S. (2018): Die Kunst des Authentischen. Frankfurt a. M.
Watzlawick, P.; Beavin, J. H.; Jackson, D. (2011): Menschliche Kommunikation. Göttingen
Wehling, E. (2018): Politisches Framing. Köln

Register